図説
生態系の環境

浅枝　隆 [編著]

朝倉書店

執筆者

浅枝　　隆	埼玉大学理工学研究科	全般
西　　浩司	いであ株式会社	3.5, 3.6 節
高橋和也	応用地質株式会社	3.8 節
篠原隆一郎	国立環境研究所	3.5 節
寺田一美	東海大学工学部	3.5 節
河内香織	近畿大学農学部	p.133 コラム

はじめに

　周辺の自然環境を守ろうとする試みはいたるところで行われている．自然環境の保全は，近年，河川管理や地域計画においても必須なものとなりつつあり，これまでそうした活動に従事してきた人だけでなく，全く違った分野に携わってきた人にとっても重要な仕事になってきた．しかし，こうした仕事の多くは，経験に頼って行われる場合が多く，必ずしも，誰もができるわけではない．こうした背景から，環境，特に生態系を保全することを目的とした学科は多数設置されているものの，個々のことをすべて経験に頼るというのでは，なかなか短時間に十分な教育を行うことは難しい．

　さて，工学系を含む，数物系学科の場合，通常，定理や公式として整理された既存の知見を理解していって，これらを積み上げることで，新しいものを理解していくという方法がとられる．しかも，その場合，それぞれの既存の知見の理解が高いハードルとなっている．

　生態学を含む，自然現象を理解することが目的の分野では，既存の知識の積み上げというよりも，むしろ，個々の複雑な現象の中に法則性や原因をみつけていくことが目的となることが多い．こうした違いは，前者を学んできた者にとっては，後者にはなかなかなじめない環境を作りだしている．複雑な自然現象の中に法則性をみつけることは，いうまでもなく，そうした現象に頻繁に触れることで経験を積んでいくことが最も重要なことであり，また，実際の現象に触れることができない場合でも，様々な事例で少しずつ身につけていくことが必要である．しかし，それでも既に整理されている既存の知見を十分に理解しているかどうかで，その効率は大きく異なる．

　そうした背景から，本書では，著者に，私自身を含め，工学系出身で現在生態学の研究に携わっている研究者や現場の技術者にも加わっていただき，橋渡し的な役割を果たすことを考えた．

　第1章の「生態学の基礎知識」の部分では，数物系での定理や公式に当たる事項を，可能な限り短時間でイメージとしてとらえることを考えている．工学系の学部学生の講義においても応用的な講義の一部として活用することも可能である

と考えている．

　第2章の「陸水生態系の基礎知識」では，工学系の学生や自然保護活動を行っている人が，特に，接したり対象とすることの多い，主に陸水生態系に関係する基礎的な共通事項をまとめている．

　第3章の「様々な生態系の特性と開発の影響」では，個々の生態系の特徴と，そこで行われる主たる開発行為との関係や管理の意味合いなどをあげている．第2，第3章は，工学系の大学院学生や技術者の副読本や，自然保護活動に携わっている人および行政や現場の技術者が基礎知識を再確認するための内容になっている．また，応用生態工学関連の既刊の書への橋渡しの役割も考えている．

　付録の「生態系モデル」では，工学系学生や技術者を対象に，その構造と注意点を中心に解説している．現場では，定量的評価の必要性から，生態系モデルを用いた数値計算が行われることが多いが，日ごろから感じているその限界について記述した．

　著者の浅学非才をもってしては，間違いや表現不足の点も多々存在すると考えている．今後，読者諸賢からのご指摘により，改める機会が得られれば幸いである．

　なお，本書を執筆するにあたって，三島次郎先生を初め，たくさんの先生方から貴重なご意見を賜った．また，朝倉書店には構想の段階から終始ご尽力いただいた．心からお礼を申し上げます．

　2011年2月

浅　枝　　　隆

目　　次

1　生態学の基礎知識
1.1　生物の分類 …………………………………………………… 2
1.2　種，個体，個体群，群集，生態系 ………………………… 4
　　(1)　種 ……………………………………………………… 4
　　(2)　個体，個体群，群集，生態系 …………………………… 6
1.3　資源と環境収容力 …………………………………………… 8
　　(1)　資　源 ………………………………………………… 8
　　(2)　環境収容力 …………………………………………… 8
　　(3)　個体数の時間的な変化と環境収容力の関係 …………10
1.4　種内の関係 ……………………………………………………12
　　(1)　種内競争の形態 ………………………………………12
　　(2)　種内競争と密度効果 …………………………………12
1.5　種間の関係 ……………………………………………………14
　　(1)　種間の関係の形態 ……………………………………14
　　(2)　ニッチとギルド ………………………………………16
　　(3)　スペシャリストとジェネラリスト …………………16
　　(4)　ロトカ・ヴォルテラのモデル ………………………18
　　(5)　食物連鎖と食物網 ……………………………………22
　　(6)　種間相互の関係 ………………………………………28
1.6　種の多様性と環境 ……………………………………………32
　　(1)　種の多様性の階層性 …………………………………32
　　(2)　r戦略とK戦略 ………………………………………34
　　(3)　環境変動とrおよびK戦略をとる生活史の対応 …34
　　(4)　撹乱と種の多様性 ……………………………………36

(5) 個体群の分断化 ………………………………………………38
　　　(6) エッジ効果 …………………………………………………………40
　　　(7) 生息地の面積と種数の関係 ………………………………40
　　　(8) 生息場の多様化 …………………………………………………42
　1.7 植生変遷 ……………………………………………………………………44
　　　(1) 一次遷移と二次遷移 …………………………………………44
　　　(2) 代償植生と潜在的自然植生 ………………………………46

2　陸水生態系の基礎知識

　2.1 水圏生態系のエネルギー収支 ………………………………50
　　　　　水域のエネルギー収支 ……………………………………50
　2.2 日射と光合成 ……………………………………………………………52
　2.3 酸素と二酸化炭素 ……………………………………………………56
　　　(1) 溶存酸素 ……………………………………………………………56
　　　(2) 溶存二酸化炭素 …………………………………………………56
　2.4 栄　養　塩 …………………………………………………………………60
　　　(1) 植物における主要栄養元素 ………………………………60
　　　(2) 窒素の循環 ………………………………………………………62
　　　(3) リンの循環 ………………………………………………………64
　　　(4) その他の元素 ……………………………………………………66
　2.5 植生による水質浄化 ………………………………………………68

3　様々な生態系の特性と開発の影響

　3.1 湖沼およびダム貯水池生態系と開発の影響 …………72
　　　(1) 深い湖沼およびダム貯水池の生態系の特徴 ………72
　　　(2) 浅い湖沼の生物群集を介した有機物循環の構造 …88
　　　(3) ダム湖の特性と問題 …………………………………………92
　　　(4) 富栄養化現象と対策 …………………………………………96
　　　(5) 湖岸の埋め立てと護岸，離岸堤，湖底の浚渫 … 104
　　　(6) 湖沼の人工的改変による沈水植物の減少 ……… 106
　3.2 河川生態系の特徴と開発の影響 …………………………110

	(1) 河川生態系の特徴 ………………………………………………	110
	(2) ダム建設と下流河川 ………………………………………………	126
	(3) 護岸や複断面河道の影響 ………………………………………	134
	(4) 堰による影響 ……………………………………………………	136

3.3 ダム建設に伴う周辺生態系への影響 ……………………………… 138
 (1) 原石採取や掘削による影響 ……………………………………… 138
 (2) 渓流に対する影響 ………………………………………………… 138
 (3) 湛水による影響 …………………………………………………… 140
 (4) 外来種の持ち込みや貴重種の持ち去り ……………………… 140
 (5) 建設時の影響 ……………………………………………………… 140

3.4 汽水域の生態系の特徴と開発の影響 ……………………………… 142
 (1) 汽水生態系の物理的特徴 ………………………………………… 142
 (2) 汽水域の生物の特徴 ……………………………………………… 144
 (3) 河口堰建設に伴う生態系への影響 …………………………… 144

3.5 海岸域の生態系の特徴と開発の影響 ……………………………… 146
 (1) 海岸域の生態系の特徴 …………………………………………… 146
 (2) 干潟の水質浄化機能 ……………………………………………… 148
 (3) 河口砂州と河口閉塞 ……………………………………………… 148
 (4) 赤潮と青潮 ………………………………………………………… 150
 (5) 埋め立ての影響 …………………………………………………… 150
 (6) マングローブ湿地帯の物質循環：潮汐による物質交換 …… 152

3.6 農業地域の生態系の特徴と開発の影響 …………………………… 154
 (1) 農業地域の生態系の特徴 ………………………………………… 154
 (2) 農業地域の生態系管理の問題 …………………………………… 156
 (3) 生態系に配慮した農業への転換 ………………………………… 156

3.7 道路建設に伴う生態系への影響 …………………………………… 158

3.8 高山帯の生態系の特徴と開発の影響 ……………………………… 160
 (1) 高山帯の生態系の特徴 …………………………………………… 160
 (2) 開発の影響 ………………………………………………………… 162

3.9 流域水管理に伴う影響 ……………………………………………… 164

付録　生態系モデル……………………………………………………… 167
参 考 文 献……………………………………………………………… 175
索　　　引……………………………………………………………… 177

1 生態学の基礎知識

　様々な開発が生態系に与える影響を最小限に抑えるためには，生態系そのものの理解が必要であることはいうまでもない．ところが，多くの工学分野では，現象を理解する際に，通常，定理や公式といった規則に基づいて導入される仮説を積み重ねる手法がとられ，実際の現象の中にその仕組みを見出していく生態学の手法と異にする．そのため，工学を経験してきている者にとって，生態現象を理解することは容易なことではない．

　しかし，生態学の中にも，経験的に得られ，整理されてきている様々な事項があり，これが現象の理解に大きな助けとなる．実際の現象に遭遇する前に，そうした基礎的な事項もよく理解しておくことが必要である．

1.1 生物の分類

　生物界の分類にはいくつかの考え方があるが，5界分類の方法に従うと，まず，大きく原核生物（Procaryote）と真核生物（Eukaryote）に分けられる．原核生物界はバクテリア（bacteria）とシアノバクテリア（藍藻，cyanobacteria）で構成され，細胞膜で囲まれた中に小器官として核が存在せず，DNAが分散した細胞をもつ生物である．ただし，原核生物はDNAの視点からみると，強酸性や強アルカリ性のような極限状態の中で生息し，かつてまだ酸素のない中で現れたと考えられる古細菌（archaeobacteria）と，酸素が利用できるようになって現れたと考えられる真正細菌（eubacteria）に分けられる．

　真核生物は細胞の中に核をもっており，その他の様々な小器官を備えている．真核生物は，原生生物界（Protista），菌界（Fungi），植物界（Plantae），動物界（Animalia）に分けられる．原生生物界の生物は基本的に単細胞生物で，単細胞の緑藻類や珪藻類，渦鞭毛藻類など湖沼の植物プランクトンの多くがここに含まれる．菌界はクロロフィルをもたず，他の生物に寄生して生成した有機物を利用する．なお，こうした性質をもつ生物を従属栄養生物（heterotrophs）とよび，カビ類やキノコ類が含まれる．植物界は光合成で有機物を生成，利用する生物で，多細胞の藻類やコケ類，シダ類，被子植物類が含まれる．なお，このように無機物から有機物を生成できる生物は独立栄養生物（autotrophs）とよばれる．光合成を行う植物の他には，化学反応で生ずるエネルギーを用いて無機物から有機物を生成するバクテリアがこれに含まれる．動物界に含まれる生物は従属栄養で他の生物を食べて有機物を摂取する（図1-1）．

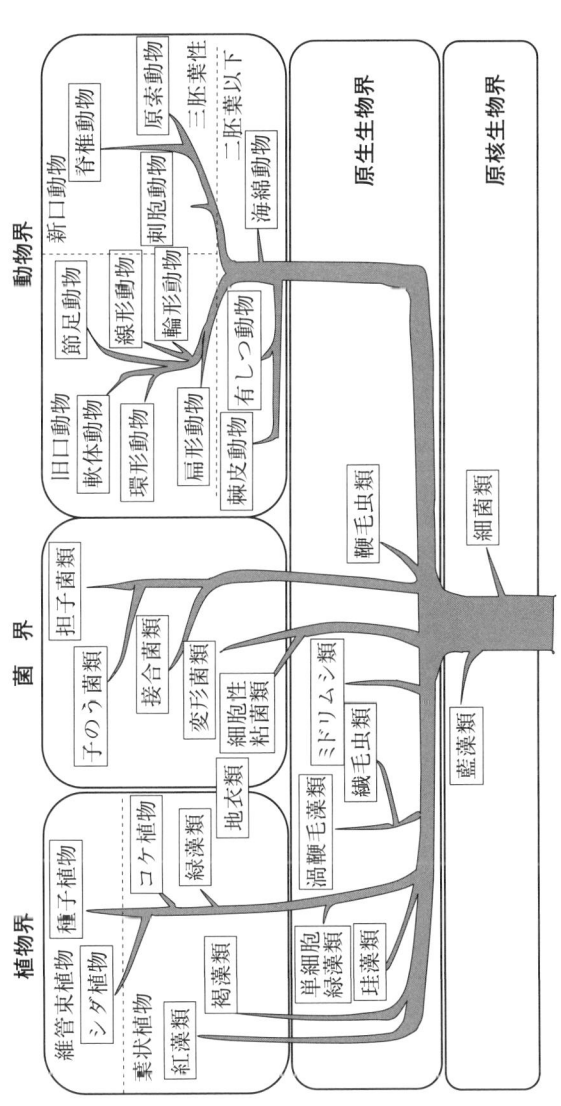

図1-1 生物の系統樹

1.2 種，個体，個体群，群集，生態系

(1) 種

生物多様性といった場合，多くは種がもとになるが，種の概念は必ずしも一つではない．

分類学的種 taxonomic species：分類学の専門家がルールに従って記載した種である．形態に基づいて類型化されている．

生物学的種 biological species：互いに交配できない単位を別種として分類する方法である．しかし，この場合には無性生殖のみを行う種には適用できない．また，植物に多くみられる，染色体の数の違いによって遺伝子の交流が不可能な場合には形態が同じでも別種として扱われる．

系図学的種 genealogical species：同一の祖先から由来したことを基準に決められる種である．例えば，染色体が同じ4倍体のもので生物学的種としては同じ種どうしであっても，別々の地域の2倍体のものから生じた場合には，系図学的には別々の種として扱われる．最も詳細な種の定義である．

種全体の数は $10^7 \sim 10^8$ といわれているが，現在までに記載されている種は1 400 000 種程度である．また，動物では，哺乳類は約 4000 種，鳥類約 9000 種，爬虫類約 6000 種，両生類約 4000 種，魚類約 19 000 種である．最も種類数が多いのは昆虫類で 750 000 種程度である．

こうした生物の分類に基づいた種の他に，個々の種がそれぞれの特徴をもっている場合もある．それには，以下のようなものがある（表1-1）．

最近絶滅したか危惧されている種は，絶滅種 extinct species，絶滅危惧種 threatened species（CR：10年または3世代以内に50%以上の可能性で絶滅の可能性がある種（絶滅危惧IA類），EN：20年または5世代以内に20%以上の確率で絶滅する可能性のある種（絶滅危惧IB類），VU：100年以内に10%以上の確率で絶滅する可能性がある種（絶滅危惧II類），低リスク種 lower risk species）に分けられる．

表1-1 指標種

指標種	English	指標種の意味
生態的指標種	ecological indicators	同様な生育場所や環境条件に対する要求をもつ種群を代表する種
キーストーン種	keystone species	群集における生物間の相互作用の要をなしており，この消失による群集構造が大きく変化する種
アンブレラ種	umbrella species	生態的なピラミッドの頂点にある種で，生育地面積が大きく，多くの種の存在のもとで存在している種
象徴種	flagship species	外見的な美しさや特徴から地域を特徴づける種
危急種	vulnerable species	希少種や絶滅の危険性の高い種

地域ごとに種の多様性を考えるうえでは様々な観点が必要である．このように様々な観点で指標になるものは指標種とよばれる．

（2）個体，個体群，群集，生態系

自然界の生物は同種もしくは異種の他個体との関係の有無やその内容によって，個体，個体群，群集，生態系などに分けられる（図1-2）．

個体（individual）：生活に必要な構造と機能を備えた，これ以上分けることができない生物の単位が個体である．しかし，実際には，群あるいは集団をつくることで初めて生存できるものも少なくない．また，種としての存続のためには，異性の他個体を必要とするものも多い．

個体群（population）：ある場所に集まった，遺伝的にも相互作用の面でも交流のある同種の個体の集団全体が個体群である．個体群を構成する個体間には密接な相互関係があり，それによって特徴づけられる．そのため，関係のない個体で構成される他の個体群と区別される．特に動物の場合には，生殖，摂餌，捕食者に対する防衛，棲み場所の確保などにおいて，同種の他個体との関係が重要である．そのため，植物以上に個体群が重要になる．

群集（community）：ある空間もしくは地域の中で生活する植物，動物あるいは両者を合わせた生物の個体や個体群の集合が群集である．

生態系（ecosystem）：ある地域の生物群集とその無機的環境とにより，相互に関連をもって構成される，ある程度の安定性や持続性をもった系を生態系とよぶ．生態系は，独立栄養の緑色植物，従属栄養の動物および多くの微生物で構成される生物的なものと，それと関係をもつ無機的なものとで構成される．

生物に注目した場合，それを取り巻くすべてのものが環境ではあるが，特に，その生物に影響を与えたり，その生物に認識されたりするものが狭義の環境である．一定地域内に生活する生物群集とそれを取り巻く環境とをまとめたものが生態系である．

生物は環境から大きな影響を受けるが，逆に，生物も環境を改変させながら生きている．環境を構成する要素には様々なものがあり，これらを環境要因（environmental factor）とよぶ．環境要因は大きく無機的（非生物的）環境要因と生物的環境要因に区別される．無機的な環境要因には気候要因や土壌要因などがあり，生物的環境要因には競合する生物，捕食者，被捕食者などがある．これまで工学で取り扱われてきた現象の多くは無機的な環境要因であり，生物的な環境要因や着目する生物種の舞台となるものである．

1.2 種,個体,個体群,群集,生態系　7

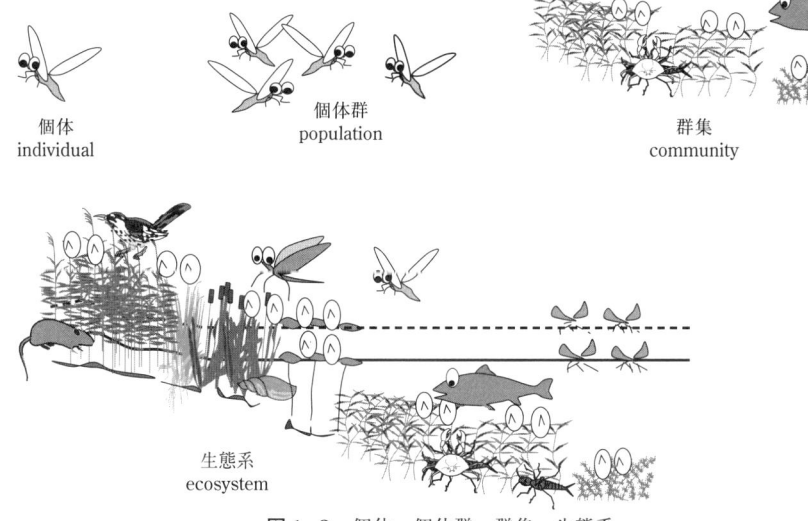

図 1-2　個体,個体群,群集,生態系

生物の単位が個体,ある場所に集まった,遺伝的にも相互作用の面でも交流のある同種の個体の集団が個体群,ある場所にみられる異なる個体群の集合が群集である.また,一定地域内に生活する生物群集とそれを取り巻く環境とをまとめたものが生態系である.

表 1-2　環境要因

無機的環境要因
　(1) 物理的環境要因
　　　気候要因(温度,湿度,光,気圧,大気の電気的状態,放射エネルギーなど)
　(2) 化学的環境要因
　　　大気のガス組成,水,土壌の酸性度や化学組成,栄養塩濃度など
生物的環境要因
　(1) 種内関係(社会性など)
　(2) 種間関係(競争,捕食,寄生,共生関係など)
　(3) 人間の活動

1.3 資源と環境収容力

(1) 資　源

獲得したり確保したりすることで，考えている個体にとって適応度が高くなるものを資源（resource）とよぶ．これには植物の場合には光や水や栄養塩，動物の場合には餌や営巣場所などが含まれる．

(2) 環境収容力

ある場所に最大限に生息できる生物の個体数は，その場所に存在している資源の量に依存している．その場所の資源量で生息できる最大の個体数を環境収容力（carrying capacity）とよぶ．ある場所の個体数は増殖率と死亡率との関係によって時間的に変化する．すなわち，増殖率の方が死亡率よりも高ければ個体数は時間とともに増え，低ければ減る．また，増殖率は余剰な資源があれば大きくなり，逆に，資源が足らなければ死亡率が増す．そのため，個体数の時間的な変化は

$$\frac{dN}{dt} = [B_{ir} - M_{or}]N \qquad (1.1)$$

で表される．ここで，t は時間，N は個体数，B_{ir} は出生率，M_{or} は死亡率を表す．縦軸に出生率や死亡率を，横軸に個体数もしくは個体密度をとると（図1-3），個体数が少ない間は，資源が余るために出生率は高く死亡率は低い．そのため，個体数は増加する．しかし，個体数がある数になると出生率と死亡率がバランスする．この個体数が環境収容力である．個体数がこれ以上増えると，今度は出生率よりも死亡率の方が大きくなり，個体数は減少，バランスする個体数へ収束する．ところが，資源量が少ないと，個体数の増加とともに，出生率の減少速度や死亡率の増加速度は大きい．そのため，より少ない個体数で出生率と死亡率がバランスする．すなわち環境収容力は小さくなる．

工学的手法で行える環境の改善の一つの目的は，この環境収容力を変えることにあたる．

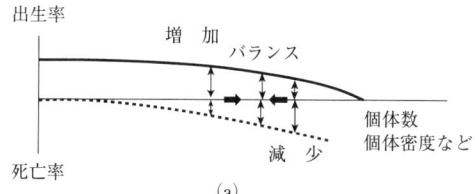

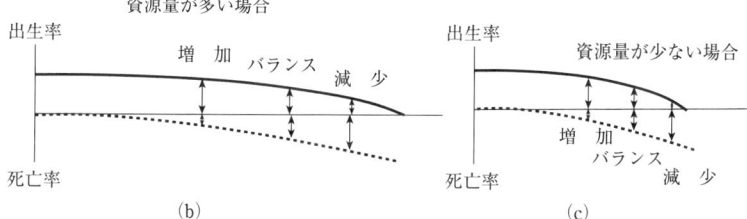

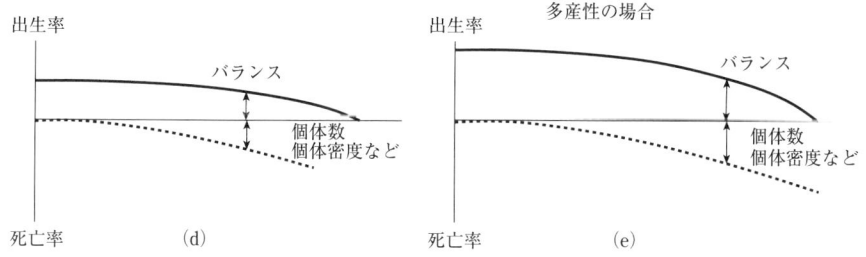

図1-3 個体数と出生率と死亡率の関係

(a) 個体数が少ないと，それぞれの個体の利用可能な資源量が増加し，死亡率よりも出生率の方が高くなり，個体数は増加する（図中で右に進む）．個体数の増加とともに，個体あたりの資源量が減少，出生率は減少，死亡率は増加し，これらがつり合ったところの個体数に収束する．逆に，個体数がこの個体数より多いと死亡率の方が高く，個体数は減少，出生率と死亡率がつり合った個体数に収束する．
(b)，(c) 資源量が多いと，出生率や死亡率の資源依存性が少なくなり，出生率と死亡率がつりあう個体数は大きくなり，より多くの個体数が維持できることになる．逆に，資源量が少ないと，維持可能な個体数は少なくなる．
(d)，(e) 多産性の場合には，出生率が大きくなるために，出生率と死亡率がつり合う個体数が大きくなる．

（3）個体数の時間的な変化と環境収容力の関係

一定の空間で時間経過に伴う個体数の増加は個体群成長（population growth）とよばれる．個体数密度が極めて低く，十分な資源が存在する場合には，個体数の時間的な変動（増加率）は個体数に比例すると考えられる．すなわち，

$$\frac{dN}{dt} = rN \tag{1.2}$$

で与えられる．ここで，rは出生率から死亡率を引いたものにあたり，種に特有な自然増加率（内的自然増加率（intrinsic rate of natural increase））を表す．十分な資源がある中で，一定時間に個体数が何倍になるかを示すパラメータである．

この解は時間に関する指数関数

$$N(t) = N_0 \exp(rt) \tag{1.3}$$

であり，自然増加率が一定の場合には，個体数は時間とともに指数関数的に増加することが示される．なお，死亡率の方が増加率より大きい場合は，rの値は負になり，個体数は指数関数的に減少する．

ところが，個体の密度が高くなると個々の個体の利用可能な資源が不足がちになる．そのため個体数の増加とともに増加率は減少すると考えられる．環境収容力をKとすると，個体数NがKに等しくなると増加率はゼロになることから，増加率を，$N=0$でこの種のもつ内的自然増加率rに等しく，$N=K$でゼロになる関数にすればよい．簡単なものとしては，$r(1-N/K)$がある．この場合，個体数の時間的な変化は

$$\frac{dN}{dt} = r\left(1 - \frac{N}{K}\right)N \tag{1.4}$$

で与えられる．これはロジスティック式（logistic equation）とよばれ，この解は

$$N(t) = \frac{KN_0 \exp(rt)}{K + N_0(\exp(rt) - 1)} \tag{1.5}$$

で表される．個体数は時間に対しS字状のシグモイド曲線を描いて増加する（図1-4）．

通常の物理現象では，変化速度は大きくても数倍程度にとどまることが多く，また，変化速度が加速度的に大きくなるという現象は少ない．しかし，生物の増加・減少は，式(1.3)で示されるように，相乗的に増加・減少する．物理現象以上に注意を払う必要がある．

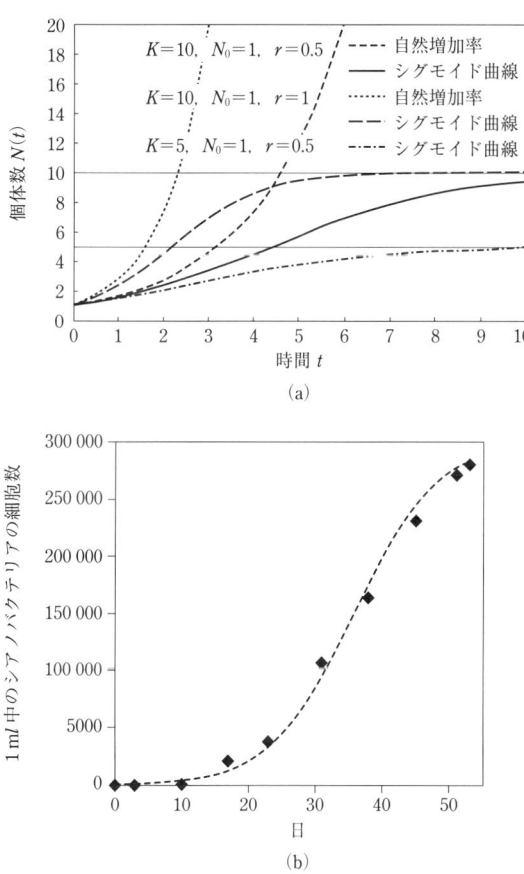

図1-4 ロジスティック式に従う場合の個体数の増加速度

(a) 自然増加率に従う場合，個体数は指数関数的に増加するが，密度の効果を考慮したシグモイド曲線に従うと，個体数は時間とともに水平な直線で示されている環境収容力 K に近づいていく．(b) 渡良瀬貯水池で測定された 1 ml 中のシアノバクテリアの細胞数の変化とロジスティック式での近似，$K = 300\,000$/ml, $N_0 = 500$/ml, $r = 0.165$/日を使用．

1.4 種内の関係

(1) 種内競争の形態

同種の個体は生活上要求する資源が同じであり，それを獲得するために競争（種内競争，intraspecific competition）を行う．競争は，動物では主に餌や配偶者・生活空間をめぐるものが多く，植物では土地，光，水，栄養塩をめぐるものが多い．

個々の個体が勝手に資源をめぐる競争を行う場合，どの個体も一様に成長が悪くなり，極端な場合には共倒れが起こる．すなわち，共倒れ型の競争（scramble competition）である（図1-5）．しかし，場合によっては一部の個体が資源を独占し，残りの個体は資源を確保できなくなって個体群密度が減り安定する．勝ち残り型競争（contest competition）である．勝ち残り型競争は，縄張り（territory）をもつ動物や自己間引き（self-thinning）を行う植物にみられる形式である（図1-6）．

(2) 種内競争と密度効果

有限な資源のもとでは，個体数の密度が増加すると個体あたりが享受できる量が減少し，個体数の増加に歯止めがかかる．こうした個体数の増加による負の効果を密度効果（density effect）とよぶ．

植物の個体群では，高い密度で生育する個体群は密度効果が強くはたらき，低い密度で生育したものに比較して生育が遅く個体サイズが小さくなり，また，多くの個体が枯死する．これを自己間引き（self-thinning，自然間引き natural thinning）とよぶ．そのため，面積あたりの最終的な植物の収量には密度にかかわらず一定の上限値がある．これを最終収量一定の法則（law of constant final yield）とよんでいる．

また，高密度の個体群では成長とともに自己間引きで密度が低下し，1個体あたりの重量 B と密度（単位面積あたりの個体数）D の間には，概略，

$$B \sim D^{-2/3} \tag{1.6}$$

の関係があることが知られている（Yodaの法則）．

1.4 種内の関係　13

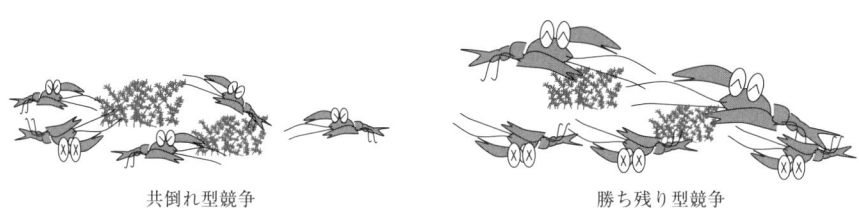

　　　共倒れ型競争　　　　　　　　　　　勝ち残り型競争
図 1-5　共倒れ型競争と勝ち残り型競争
　同種の個体は必要とする資源が一致しているため，競争を行う．個々の個体が勝手に競争を行った場合，どの個体も一様に成長が悪くなり共倒れになる場合（共倒れ型競争）と，一部の個体が資源を独占する場合（勝ち残り型競争）が生ずる．

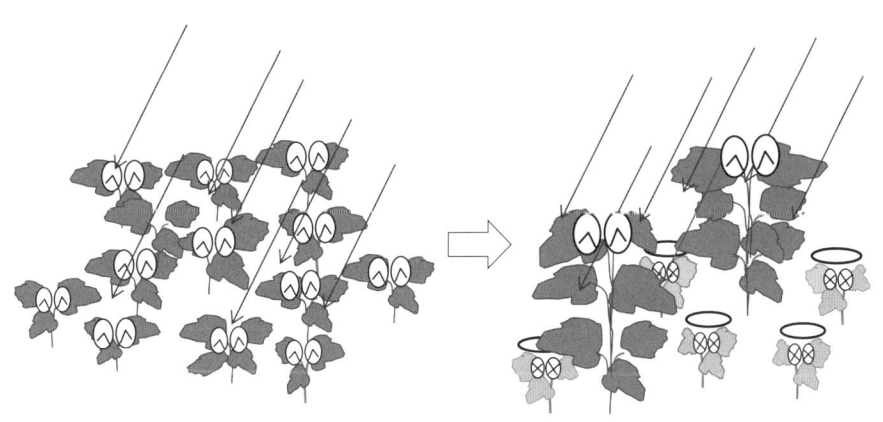

図 1-6　自己間引き
　勝ち残り型競争の例として，多くの植物においては発芽時は多数の芽を出すものの，生育とともに，一部の個体のみ生き残り，ほかは枯死して不足する資源を補う．こうした現象を自己間引きとよんでいる．

1.5 種間の関係

(1) 種間の関係の形態

種どうしの相互関係（種間競争，interspecific competition）は，その機構から，共生，競争，捕食，植食，寄生などがある（図1-7）．

共生は相手に対して正の影響を及ぼす関係である．植物と窒素固定細菌や植物と花粉の媒介者などの関係がこれに含まれる．双方が互いに相手に対して正の影響を及ぼし合う関係を相利共生（mutualism），一方が他方に対して正の影響を及ぼすものの，相手からは正の影響を受けない場合を片利共生（commensalism）とよぶ．片利共生の一形態として寄生（parasitism）がある．寄生は，寄生者は宿主から利益を受けるが，宿主は不利益を受けることもある．共生はあくまで相手から正の影響がある場合に用いられることばであり，単にある同じ場所に棲んでいることを示す共存（co-existence, co-habitation）とは異なる．

捕食（predation）は，ある種が別の種を食べることで，食べる側の捕食者（predator）が，食べられる側の被食者（prey）を食べることにより，捕食者が被食者から利益を受ける関係である．通常，相手を短期間に殺してしまう．植食（herbivory）は動物が植物を摂食することであり，相手を殺してしまう場合でも時間がかかる．寄生（parasitism）は宿主の体に棲みついて栄養を搾取し，場合によっては宿主を殺してしまう．捕食者は，植食者（herbivore），動物の組織を食べる肉食者（carnivore），その両方を食べる雑食者（omnivores）に分けられる．

競争は大きく，消費型競争（exploitative competition）と干渉型競争（interference competition）に分けられる（図1-8）．消費型競争はある個体が資源を消費するために別の個体の取り分を少なくすることで生ずる競争であり，資源を介した競争である．干渉型競争はある個体が相手の存在を直接脅かすことで生ずる競争で，縄張り争いや化学物質により他の植物を排除するような競争が含まれる．この場合には資源が十分にある場合にも競争が起こる．

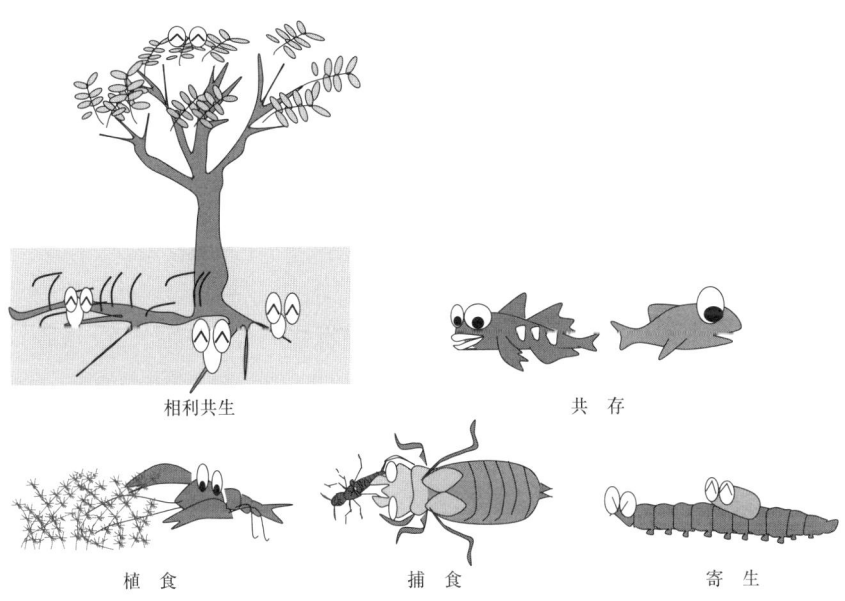

図 1-7　生物どうしの関係

　異種の生物どうしが密接な関係をもって一緒に生活する現象を共生とよび，双方が明らかに利益を得ている共生関係を相利共生，片方だけが利益を得ている共生を片利共生とよぶ．
　また，捕食者が被食者を短期間に食べることを捕食，動物が植物を食べることを植食，宿主の体に棲みついて栄養を搾取することを寄生とよぶ．

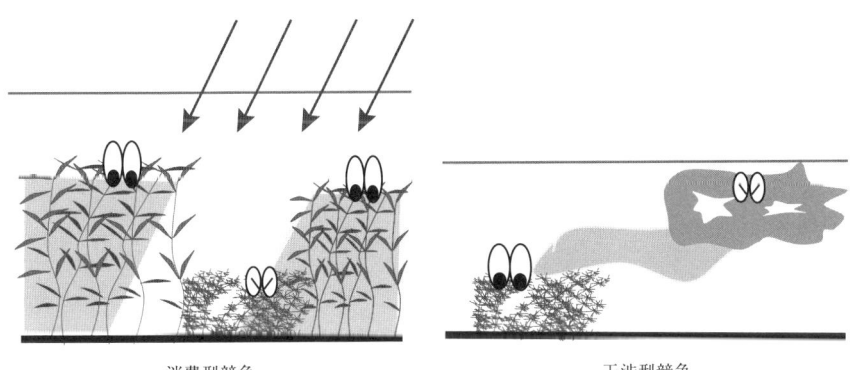

図 1-8　消費型競争と干渉型競争

　消費型競争は資源をめぐる競争である．干渉型競争はある個体が相手の存在自体を直接脅かす競争であり，資源が豊富なときにでも生ずる．

（2）ニッチとギルド

　生物は自然界でそれぞれの種が必要とする資源に応じて生息できる環境が定まり，資源量がある程度以下になると生息できなくなる．この生息に必要な要素およびその利用のパターンをニッチ（niche，生態的地位）とよぶ．ニッチは生息場所を特徴づける環境要素や食べている餌のサイズなどで定量化されることが多く，関係する要素の数に応じた次元の空間の中で定義される．ただし，生態的地位については，生物が群集の中でどのような役割を担っているかということ，生物的環境における位置，いわば食物連鎖の中での位置といった定義もある．

　図 1-9 はニッチの概念の模式図である．生存可能なそれぞれの要素の条件にも現実には幅がある．また，一つでも，生息可能な範囲の外にあれば生息できない．

　互いのニッチが重なり合うところで種間競争が生ずる．同じ場所に生息していても，利用する資源が違っていて，ニッチが異なれば競争は行われない．また，2種の生物が競争した場合でも，ニッチが異なる幅をある程度もっていれば両者は共存可能である（1.5（3）参照）．

　同様なニッチをもった生物群集をギルド（guild）とよぶ（図 1-10）．

　ある種が単独で存在するときのニッチを基本ニッチ（fundamental niche）とよび，他種との競争によって変形したニッチは実現ニッチ（realized niche）とよんでいる（図 1-11）．実際の自然界でみられるニッチは実現ニッチであり，その種が潜在的に有している生息可能条件を示す基本ニッチと同じものになるとは限らない．基本ニッチは，実現ニッチに競争相手の種を取り除いた後に拡大されるニッチの幅を加えたものになる．

（3）スペシャリストとジェネラリスト

　捕食者によって，餌の幅には大きな差がある．種によっては，餌とするものが限られ，また，種によっては，様々なものを餌としている．前者をスペシャリスト（specialist，狭食性），後者をジェネラリスト（generalist，広食性）とよぶ．植物や動物の寄生者はスペシャリストになりやすく，大型の肉食動物や植食動物は餌の幅が広くジェネラリストが多い．

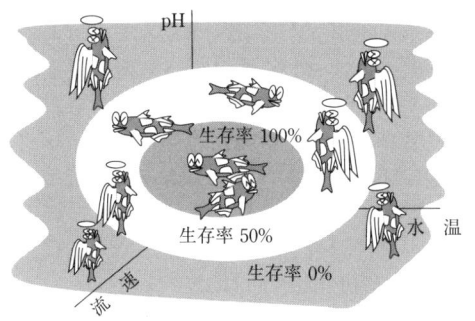

図1-9　ニッチ

　生存可能な要素の条件を表すものがニッチである．N個の要素を考える場合，N次元で表されることになる．また，それぞれの条件について，ある段階を超えるとすべて死亡するというものではなく，実際には生存率が徐々に低下していくことになる．ニッチの要素の中には，餌や住処資源など競争の対象となるものも含まれる．この場合，ニッチが共通する場合に競争が生じ，ニッチが反する場合には共存が可能である．

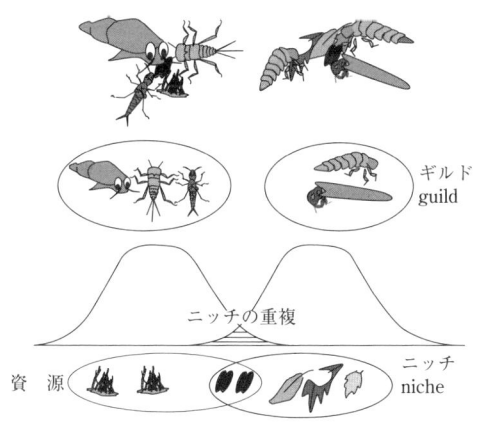

図1-10　ニッチとギルドの関係

　同様なニッチをもった生物群集をギルドとよぶ．互いのニッチが重なり合うギルド間で競争が生ずる．ニッチが異なっていれば，同じ場所に棲んでいても共存可能である．

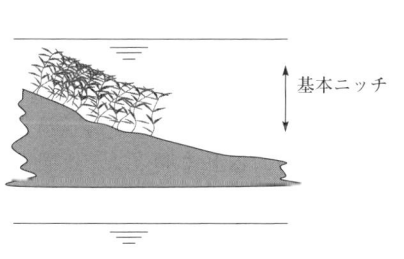
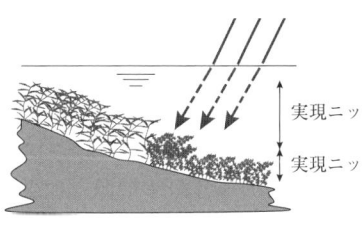

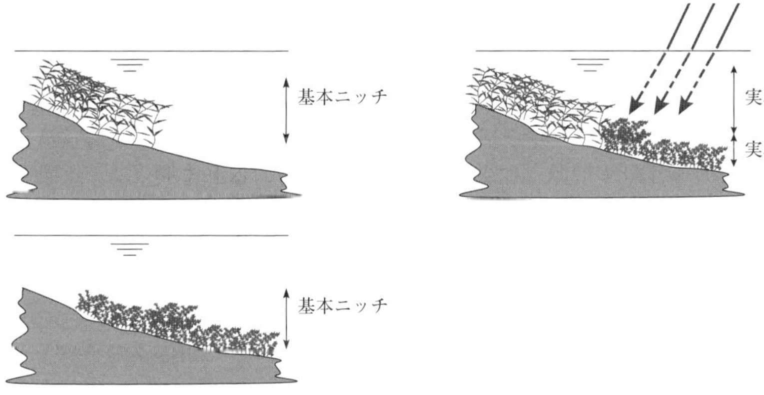

図1-11　基本ニッチと実現ニッチ

　ある種が単独で存在するときのニッチが基本ニッチである．しかし，ニッチが重なる種がいると，見掛けのニッチの幅は変形する．ニッチが重なった部分では競争が生じ，競争に勝ったものが生息する．このようにしてできあがった見掛けのニッチは実現ニッチとよばれる．

(4) ロトカ・ヴォルテラのモデル

① ロトカ・ヴォルテラの方程式

　種1および種2が資源をめぐって競争している場合を考える．種1のみであれば，種1の個体数 N_1 が増加すると増加率は減少するが，競争関係にある場合には，種2の増加も種1の増加率を減少させる．種1と2の内的自然増加率を r_1 および r_2，環境収容力を K_1 および K_2，種2が種1に対する影響，種1が種2に対する影響を，それぞれ競争係数（coefficient of competition）a_{12} と a_{21} で表し，ロジスティック式（1.3（3）参照）に代入すると，種1および2の個体数，N_1 および N_2 の時間的な変化は，

$$\frac{dN_1}{dt} = r_1 N_1 \left(1 - \frac{N_1 + a_{12}N_2}{K_1}\right) \tag{1.7}$$

$$\frac{dN_2}{dt} = r_2 N_2 \left(1 - \frac{N_2 + a_{21}N_1}{K_2}\right) \tag{1.8}$$

で与えられる．これをロトカ・ヴォルテラの方程式（Lotka-Volterra equation）とよぶ．

　ここで，個体数の間に右辺を0にするような関係が成立していると，その個体数は変化しない．このうち $N_1=0$ もしくは $N_2=0$ はもともと個体がいないということで省くと，種1の個体数は，

$$N_1 = K_1 - a_{12}N_2 \tag{1.9}$$

が満たされれば変化せず，上記の関係が＜であれば式（1.7）の右辺が正となって増加，＞であれば減少する．種2の増減についても，同様に，

$$N_2 = K_2 - a_{21}N_1 \tag{1.10}$$

の式の両辺の関係で定まる．

　種1の個体数を横軸，種2の個体数を縦軸にとって，種1と種2の個体数の関係を示す点 (N_1, N_2) の時間変化を考える．点 (N_1, N_2) が式(1.9) の関係を示す直線の外側にあると，N_1 は時間とともに小さくなり，内側にあると大きくなる．そのため，最後には式(1.9) に収束する．一方，N_2 の値は，式(1.10) で示される直線よりも上にあると時間とともに減少，下にあると増加し，式(1.10) 上に収束する．ところが，式（1.9）と式（1.10）の関係は，K_1, K_2, a_{12}, a_{21} の四つの係数の大小関係で4通り存在する．上記の関係に従うと，図1-12(a) の場合には，点 (N_1, N_2) は時間とともに $(K_1, 0)$ に近づいていき，種1はいなく

なる．(b) のような場合には種2がいなくなり，(c) のような場合には，最初の状態によって，種1と種2のどちらかがいなくなる．また，(d) の場合には，式(1.9) と式(1.10) の交点で示される個体数に収束していく．すなわち，種1と種2が共存できるのは，(d) のような関係が満たされているときのみである．

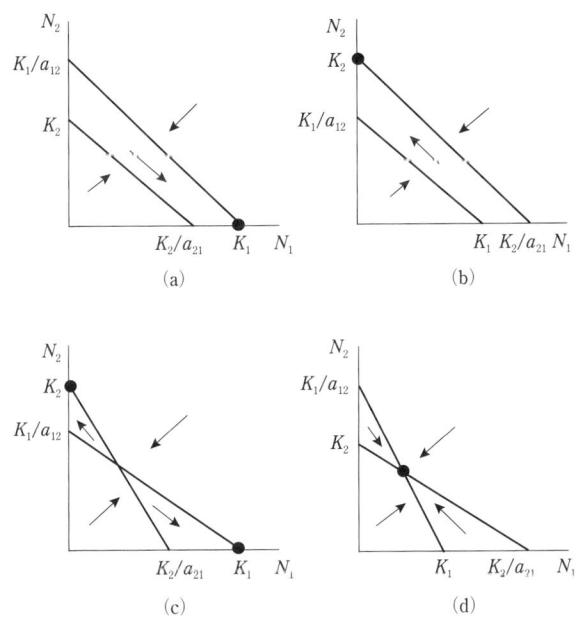

図 1-12　ロトカ・ヴォルテラの方程式を表す図

K_1/a_{12} と K_1 を結ぶ直線は，式(1.9)を満足する関係を示す直線であり，K_2 と K_2/a_{21} を結ぶ直線は式(1.10)の関係を示す直線である．

(N_1, N_2) で示される点が式(1.9) の関係を示す直線の右側にあると，式(1.7) の右辺が負になるため，N_1 の値は時間とともに小さくなって左に移動し，左側にあると大きくなって上に移動する．そのため，最後には式(1.9) 上に収束する．

一方，(N_1, N_2) で示される点が式(1.10) の関係を示す直線の上側にあると，式(1.8) の右辺が負になるため，N_2 の値は時間とともに小さくなって下に移動，下側にあると大きくなって上に移動する．そのため，(N_1, N_2) で示される関係は，時間の経過とともに，式(1.10) を示す直線上に収束する．

これらを総合すると，式(1.9) で示される直線が式(1.10) で示される直線よりも上にある場合には，最初にどの場所に (N_1, N_2) で示される点があっても，常に $(K_1, 0)$ で示される点に収束し，逆に，式(1.10) で示される直線が式(1.9) で示される直線よりも上にある場合には，$(0, K_2)$ の点に収束する．

また，この曲線が交差する場合には，式(1.9) を示す直線が式(1.10) で示される直線よりも，(c) のように，N_1 が大きい場合に上にある場合には，初期の条件によって，$(K_1, 0)$，$(0, K_2)$ のどちらかに収束する．逆に，(d) のように，下にある場合には，この二つの関係を示す交点に収束していく．すなわち，(d) のような場合にのみ，二つの種が共存可能なことを示している．

② ロトカ・ヴォルテラの捕食式

　捕食者は被食者を餌としているものの，被食者の量が減少すると，増加率も減る．そのため，それぞれの個体数の時間変化を考えると，捕食者が増加すると被食者が減少，被食者が減少すると餌が少なくなり捕食者が減少，捕食者が減少すると被食者が再び増加するといった共振動を繰り返す．この過程は簡単な式で表現できる．

　種内競争は考えないでおくと，被食者の個体数 N は捕食者がいない場合は個体数に比例して増加すると仮定できる．しかし，捕食者がいると，補食者に食べられて減少する数は，捕食者の個体数 P と餌となる被食者に遭遇する確率に比例し，これは被食者の個体数 N に比例する．すなわち，被食者の個体数の時間的な変化は被食者の増加率 r と遭遇確率 a を用いて次式で表される．

$$\frac{dN}{dt} = rN - aNP \tag{1.11}$$

　一方，捕食者の増加率は，概略，食べた量に比例すると考えられる．また，捕食者自体も様々な理由で死亡する．死亡する個体数は，そのときの個体数に死亡率 q をかけたものになる．すなわち，

$$\frac{dP}{dt} = faNP - qP \tag{1.12}$$

ここで，r と q は比例定数である．被食者の個体数を横軸に捕食者の個体数を縦軸にとった場合に，被食者の個体数の増減がなくなるのは，式(1.11) の右辺がゼロとなる，捕食者の個体数 $P=r/a$ のときである．これよりも捕食者の個体数が多いと被食者の個体数は減少，少ないと増加する．一方，捕食者の個体数の増減がなくなるのは $N=q/fa$ であり，被食者の個体数がこれより多いと，餌が豊富なために捕食者は増加，少ないと減少する．そのため，被食者と捕食者の関係を時間変化でみると，$P=r/a$ および $N=q/fa$ の関係と比べ，捕食者も被食者も多い場合には，捕食者は増えるものの被食者は減少，捕食者の個体数のみこの関係より多く，被食者は少ない場合には，被食者も捕食者も減少，被食者も捕食者も少ない場合には，被食者は増加し捕食者は減少，被食者は多く捕食者は少ない場合には被食者も捕食者も個体数が増加する．すなわち，被食者，捕食者の個体数を示した平面状では左回りに回転し（図1-13），個体数の変動でみると，捕食者の方が多少遅れながら，被食者，捕食者の個体数は時間とともに振動する（図1-14）．

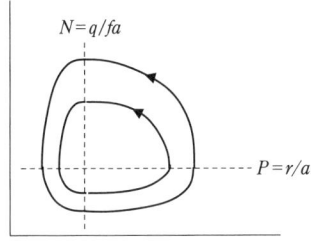

図 1-13 ロトカ・ヴォルテラの捕食式を表す図

　$N=q/fa$, $P=r/a$ は，それぞれ式(1.12)および式(1.11) を満たす関係，すなわち，式(1.12)，式(1.11)の右辺をゼロにする関係である．したがって，$N=q/fa$ の直線上では P の増減はなく，$P=r/a$ 上では，N は増減しない．ところが，P は，$N=q/fa$ の左側にある場合には P は時間とともに減少し，右側にある場合には増加する．一方，N は，$P=r/a$ の上側にある場合には減少し，下側にある場合には増加する．そのため，(N, P) で示される点は時間とともに，$(q/fa, r/a)$ の周りを左回りに回転する．この関係は，N が P よりも速い位相を保ちながら，ともに時間とともに振動することを示している．これは，被食者が増えれば，餌が増えるので捕食者が増加し，捕食者が増えれば被食者が捕食されて減少し，餌が足らなくなって捕食者が減少するという関係を表している．

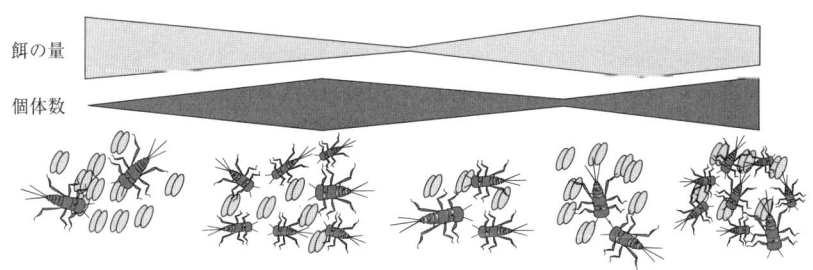

図 1-14 餌と捕食者の時間変動

　図 1-13 の関係は具体的には次のような現象を表している．捕食者の数に比較して餌が多いと捕食者の個体数が増加する．しかし，その後，餌が足らなくなり捕食者の個体数は減少する．そのため餌が余り，捕食者は再び増加する．被食者の個体数の位相が先導する形で，被食者の個体数も捕食者の個体数も時間とともに振動する．

(5) 食物連鎖と食物網

① 食物連鎖

　生物を，光合成により無機物から有機物を生産する植物，植物を摂食する動物，さらにそれを捕食する動物のように，捕食-被食の関係に従って段階別に分け，さらに，これらの遺体や排泄物などを分解する生物を分解者として分けた場合，それぞれのグループを栄養段階（euphotic level）とよび，それぞれのグループを生産者（producer），一次消費者（primary consumer），二次消費者（secondary consumer）とよんでいき，二次消費者以上を高次消費者とよぶ．また，低次の栄養段階を構成する有機物が高次の栄養段階の生物に捕食されることによって受けわたされていく過程を食物連鎖（food chain），特に生食連鎖（grazing food chain）とよぶ．生食連鎖の物質の伝達の内訳は図 1-15 のようになる．

　生産者は，草原の生態系では草本類や潅木などの植物，水域では植物プランクトンや水底の付着藻類，マクロファイトとよばれる大型藻類や維管束植物の水草が一次生産者にあたる．

　消費者は，河川や湖沼では，一次消費者は，藻類や水草を食べる草食魚や，植物プランクトンを捕食する動物プランクトンや草食の無脊椎動物，二次消費者はそれらを食べる動物プランクトン食魚や大型の肉食魚，また，三次消費者にあたるものは魚食魚などである．

　エネルギー収支は生物の成長モデルを作成する場合には極めて重要である．

　食物連鎖の中では，エネルギーや有機物量の収支は以下のようになる．生産の過程で，初期の現存量に対して，光合成によって生産される有機物量を総生産量（gross production）とよぶ．しかし，そのうちのある割合は呼吸（respiration）によって消費されているため，光合成量は現存量とは一致しない．総生産量から呼吸量を差し引いたものが純生産量（net production）である．純生産量は，現存量の増加にあたる成長量だけでなく，被食以前に枯死した量や被食で失われる量も含まれる．そのため，これも現存量とは一致しない．一方，消費者は，捕食によって有機物を取り込むものの，そのうちの不消化なものはそのまま排出し，それを除いた量を同化（assimilation）する．同化した量のうち，ある割合は呼吸によって消費される．また，捕食される以前に死亡（mortality）する個体もある．捕食して得た量からこれらを除いた量が成長に利用される．

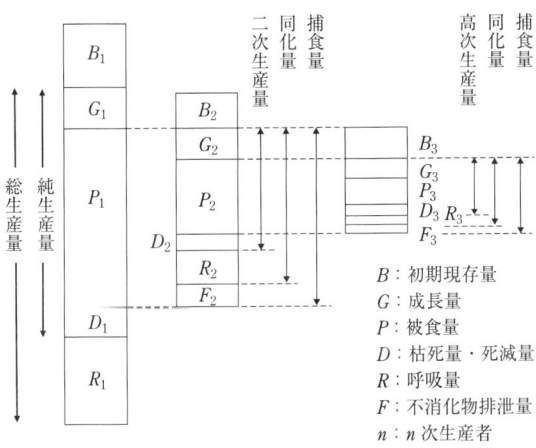

図 1-15 食物連鎖における有機物の受けわたしの内訳

初期の現存量(B)があり，それが，光合成や捕食によって得た量が総生産量(G)である．しかし，その一部は，その個体を維持するための呼吸として利用される．残ったものの一部は，成長に利用されたり，成長の過程で捕食によって失われる．しかし，捕食者の体内においてもすべてが消化されるわけではなく，一部は未消化なものとして排泄される．さらに残った量は，その個体が死亡することによって失われる．すなわち，呼吸量(R)および被食以前の死亡によって失われる量(D)，被食によって失われる量(P)および不消化なもの(F)を差し引いたものが，残される現存量($B+G$)にあたる．なお，食物連鎖では，栄養段階が上がるごとに生物量は約 1/10 程度に減少する．

生物濃縮

食物連鎖の結果，生物に蓄積しやすい物質が上位捕食者に集中していく現象は生物濃縮とよばれる．魚類に多く含まれているドコサヘキサエン酸や，フグ毒や貝毒などは，いずれも微生物によって合成された物質が食物連鎖過程で濃縮されたものである．特に，ダイオキシン類や重金属，農薬などの有害物質は，生物濃縮されて高濃度になることから問題になる場合が多い．こうした問題は，レイチェル・カーソンの書『沈黙の春』で指摘され，その重要性が広まった．人類は地球上の食物連鎖の頂点に位置していることから，食事を通じて生物濃縮によって蓄積された有害物質を摂取することになる．また，汚染物質の排出源が特定・除去された後でも，汚染物質は土壌や湖沼の底質に蓄積されるため，これが食物連鎖によって濃縮され，暴露が長期にわたり継続することになる．

② 栄養段階間の関係

　食物連鎖を構成する生物群において，栄養段階が一段階上がるごとに，その栄養段階に属する生物の有機物量はその下の栄養段階にある生物の有機物量のおおむね 1/10 程度になるといわれている．しかし，系外から異地性の餌が流入（allochthonous input）していると，現存する一段下の栄養段階の生物の有機物量と比較してはるかに大きな量になることがある．これをドナーコントロール（donor control）とよぶ（図 1-16）．

　食物連鎖の中では，ある栄養段階にある生物群の量は，捕食-被食関係を通して，餌になる一段下や捕食される一段上の栄養段階に属する生物群の量に影響される．また，こうした影響は，順次他の栄養段階にも波及していく．こうした現象はカスケード効果（cascade effect）とよばれる．

　下位の栄養段階にある生物が増えれば，餌環境がよくなるため，順々に上位の栄養段階にある生物も増加する．逆に，下位の栄養段階の生物が減少すると上位の栄養段階の生物も減少する．これは，下位の栄養段階で生じた影響が上位に伝播していくことを意味しており，ボトムアップ（bottom up）の関係とよぶ．一方，上位の栄養段階にある種が増加すると，そのすぐ下の栄養段階の生物は捕食圧が高くなるため減少する．しかし，この栄養段階にある生物が減少することで，さらに下の栄養段階にある生物は増加する．こうした関係は，上位の栄養段階で生じた影響が下位に伝播していくことを示している．こうした上位の栄養段階に生じた影響が下位に伝播していく仕組みをトップダウン（top down）の関係とよぶ（図 1-17）．

　ボトムアップの関係にある場合，上位の栄養段階の生物は十分な餌のもとに生息している．そのために，この関係に基づいた各栄養段階のバイオマス構成は安定に維持される．他方，トップダウンの関係で定まった栄養段階のバイオマス構成では，十分な餌が存在しない栄養段階がつくられる．そのため，トップダウンの関係からつくり出された栄養段階のバイオマス構成は長期間維持されるのは難しい．ロトカ・ヴォルテラの捕食式（1.5(4)参照）の解で示されるような周期的な変動を繰り返すことになる．

　また，ボトムアップ関係に従うと，上位の栄養段階にある生物群集の量はおおむね 1/10 程度に減少する．しかも，食物連鎖の上位に位置する生物群集ほど，1 個体が消費する餌の量が多く必要である．そのため，最下層の一次生産者の量が

十分でないと，上位の動物群集を維持することができない．すなわち，食物連鎖の頂点に位置するような動物を維持するには，十分な量の一次生産やそれを支える資源が必要なことを示している．

図1-16　ドナーコントロール

系外から餌が絶えず流入していると，その場の餌の量から得られるよりも多くの個体数が養える．この場合には通常の食物段階どうしの比が成り立たなくなる．

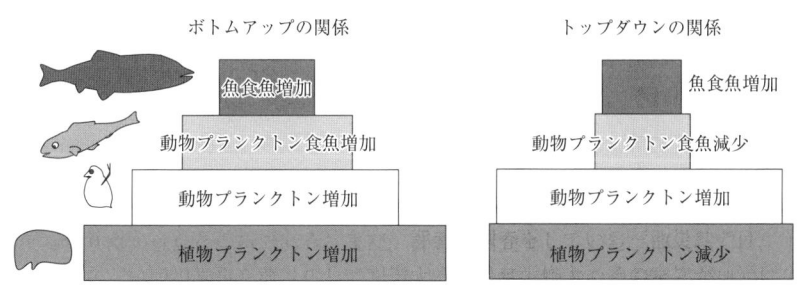

図1-17　ボトムアップおよびトップダウンの関係

ボトムアップの関係では，栄養段階の下にある生物群集が増加することで餌が増加して，上にある生物群集が増えることを繰り返すことで，次々栄養段階の上の生物群集が増加する．トップダウンの関係では，栄養段階の上にある生物群集が増加することで被食量が増加し，下にある生物群集が減少する．しかし，その生物群集が減少することで，さらに下の栄養段階にある生物群は増加する．

③ 腐食連鎖

　食物連鎖のそれぞれの栄養段階にある生物の死骸（detritus）は分解者（decomposer）によって分解される．生物の体の大半はエネルギーレベルの高い有機物で構成されている．これをエネルギーレベルの低い化合物に分解すると，余剰のエネルギーが排出される．分解者はそのエネルギーで生活しているのである．

　こうした分解者もより大型の生物に捕食され，それもまた食物連鎖を構成する栄養段階の生物に捕食され，通常の食物連鎖に組み込まれる．すなわち，通常の食物連鎖の外側にもエネルギー移動を伴う連鎖が存在している．こうした連鎖は腐食（腐生）連鎖（detritus food chain）とよばれる．

　陸上生態系を構成する生産者の体の多くの部分は炭素化合物で構成されており，これらは，分解者によってエネルギー源として利用されて，最終的に二酸化炭素や水，さらには，生産者に再び利用可能な無機栄養塩に変えられる．そのため，生態系が生物の遺骸によって埋めつくされ，生態系が大きく変化することはまれである．すなわち，分解者の役割は，各栄養段階で死亡したことによって排出されるエネルギーを再び食物連鎖に組み込むはたらきを行っていることである．

　しかし，水界の生態系においては，珪藻やサンゴのように，分解者によっては利用されない骨格が体の中で大きな割合を占めるものも多い．また，通常の植物であっても，セルロースのような分解に時間がかかるものが，分解速度より速く生産される場合には，結果として遺骸の一部が生態系の中に蓄積されることになる．こうした分解されないものや遺骸の一部が堆積していくと，水域が陸化し，生態系の構造を大きく変えてしまうことになる（1.7(1)参照）．

④ 食物網

　実際の生態系では，それぞれの消費者の食性は必ずしも一定ではなく，餌の条件に応じて，植食性，捕食性，腐食性をともに有する場合も多く，さらに，成長に応じて食性も変化する．そのため，それぞれの消費者を特定の栄養段階にあてはめることは難しく，図1-18のように，食う-食われるの関係も，生物群集の構成種単位でみると同じ栄養段階の中にあっても多数の経路があり，また，いくつもの栄養段階を飛び越える捕食関係も存在している．すなわち，種どうしの関係は網の目のような構造になっている．このような構造を食物網（food web）とよぶ．

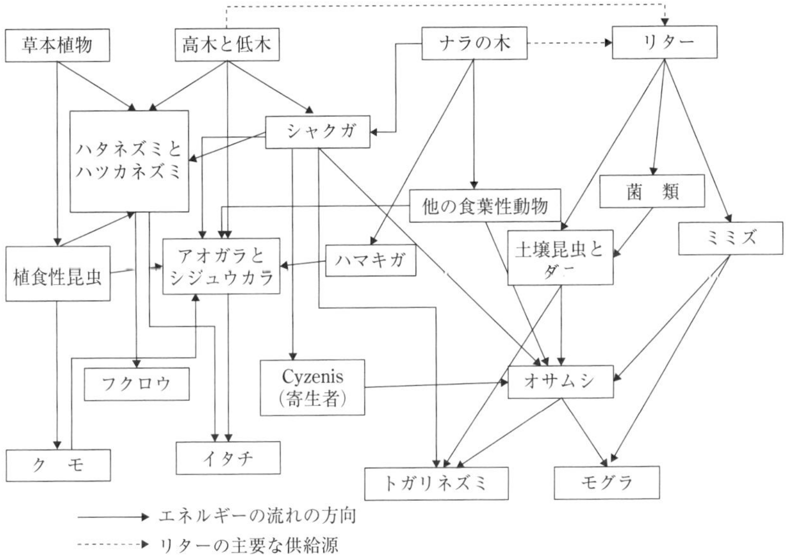
草本植物
高木と低木
ナラの木
リター
ハタネズミと
ハツカネズミ
シャクガ
他の食葉性動物
菌　類
ミミズ
土壌昆虫と
ダニ
植食性昆虫
アオガラと
シジュウカラ
ハマキガ
フクロウ
Cyzenis
(寄生者)
オサムシ
ク　モ
イタチ
トガリネズミ
モグラ
エネルギーの流れの方向
リターの主要な供給源

図 1-18　食物網の例

安定同位体比による分析

炭素や窒素の質量数は通常，それぞれ，12 と 14 であるが，自然界には，質量数 13 の炭素や 15 の窒素がごく微量安定に存在している．これらを安定同位体とよぶ．

これらの同位体の濃度は，食物連鎖によって濃縮し，炭素の安定同位体比，$\delta^{13}C$ と $\delta^{15}N$ の値は，食物連鎖が一段階進むごとに，それぞれ 1‰，3‰の割合で増加することが知られている．この関係を利用すると，様々な生物の安定同位体比を計測して，$\delta^{13}C$ の値を横軸に，窒素安定同位体比 $\delta^{15}N$ の値を縦軸にとったグラフ上にプロットすると，これらの生物間における，被食者，捕食者の関係を明らかにすることができる．

(6) 種間相互の関係

実際の自然生態系は極めて複雑であり，未知な部分が多く，それを構成する生物相互の関係の全容を把握することは難しい．そのため，通常部分的にしか観察できないなかから仮説を構築していかなければならない．また，最初の予想に反した結果をもたらすことも少なくなく，常に，背後には以下のようなより複雑な関係があることを予測しておく必要がある．

① 間 接 効 果

ある種が他種の密度に影響を及ぼす場合にも，直接捕食する直接効果（direct effect）だけでなく，第三者を通して間接的に影響を及ぼす間接効果（indirect effect）もある．この両方を合わせたものが純効果（net effect）である．

間接効果にも様々な形がある（図1-19）．

ある種に影響する種を別の種が捕食して密度を変化させることで，その種に対する捕食圧が弱まることは，密度媒介型間接効果（density-mediated indirect effect）である．しかし，媒介となる種の個体数が実際に減少しなくても，別の種が存在すること自体で行動や形態，生理的特性が変化し，その種に対する捕食圧が弱まる効果もある．すなわち，形質媒介型間接効果（trait-mediated indirect effect）である．

② 見掛けの競争

食物連鎖の中では，ある栄養段階にライバル関係にある二つの種がいると，その上の栄養段階にある捕食者が片方を好んで捕食した場合，他方はライバルがいなくなることで餌が豊富になり増加する（図1-20）．この場合，実際は第三者の捕食圧による増加であるが，見掛け上このライバル種どうしの間で競争が生じたようにみえる．すなわち，見掛けの競争（apparent competition）が生じているわけである．

このように，生物どうしの関係は，実際に捕食−被食や競争の関係にある二つ

間 接 効 果 の 例

農業用の溜め池などで，外来種であるオオクチバスが除去されると，オオクチバスの餌になっていた同じく外来種のアメリカザリガニが増加する．アメリカザリガニは水草を餌とするため，水草が減少，これを利用する昆虫類などにも影響を与える．外見上はオオクチバスの除去が水草などを減少させたようにみえる．

の種間の関係だけでなく，様々な種がからんでいる場合が多い．

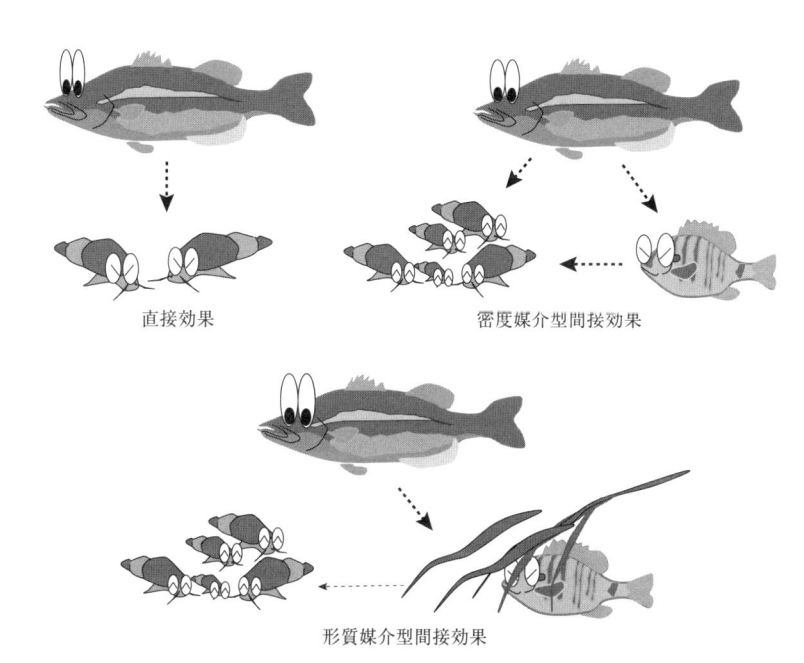

図 1-19 直接効果，間接効果

間接効果で捕食量が減少する場合には，ある種を捕食する種の個体数が別の種による捕食を受けて減少することで捕食量が減少する場合（密度媒介型間接効果）や，個体数は減少しなくても別の捕食者の存在自体で行動が制限されることで捕食量が減少する場合（形質媒介型間接効果）がある．

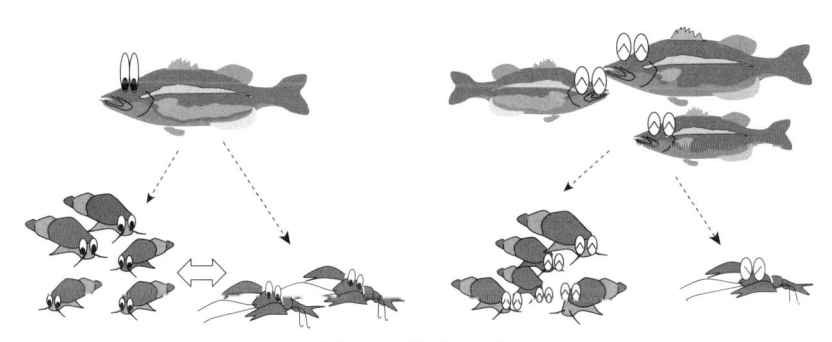

図 1-20 見掛けの競争

ある二つの種が競争関係にある場合，片方の種が捕食されると，見掛け上，他方の種が競争に勝ったようにみえる．こうした関係を見掛けの競争とよんでいる．

③ 選択的捕食

捕食者の周りに，被食者となり得る様々な個体が存在している場合，捕食者は，体が大きく捕食で得られるエネルギーが多かったり，捕食に要するエネルギーが少ないような種を選択的に捕食する（selective foraging）（図1-21）．そのため，捕食者がいる場合，体の大きい被食者から先に食べられていくことが多い．しかし，捕食者と被食者との体の大きさにあまり差がない場合には，逆に，被食者は自分自身の体を大きくみせることで威嚇し，捕食される割合を減らすこともある．

④ キーストーン種

自然の中では，同一の場所において，同様なものを資源とする種どうしが共存している場合が多い．その場合，何も変化がなければ，時間の経過とともに，この競争の中で優位な種が優占し資源を独占することになる．

ところが，こうした優位な種は，個体数も多くかつ体も大きい場合が多いことからみつけやすく，これらを捕食する捕食者がいる場合はこの種を好んで餌にする．

その結果，潜在的には競争で優位にあるはずの種の個体数から減少し，多くの種が乱立して存在することが可能になる．すなわち，この捕食者がいることによって多数の種の共存が可能になっているわけである．しかし，この種がいなくなると，競争に優位な種の優占が始まり，これら多くの種が姿を消すことになる．

このような多数の種に影響を与えている捕食者をキーストーン種（keystone species）とよぶ（図1-22）．こうした種を取り除くと，種構成が大きく変化する．

キーストーン種の例

- 1990年代に北太平洋沿岸でラッコが減少した．そのため，その餌となっていたウニが増加，ウニがジャイアントケルプの仮根を食い荒らしたため，海中林が破壊され，ここを住処とする多くの生物に影響が出た．
- イエローストーン公園では，狩猟によりオオカミが絶滅し，野生のシカであるエルクが増加，植生が減少するなど生態系が変化した．メキシコオオカミを導入することで，エルクの個体数が減少，減っていたアカギツネやビーバーが増加した．オオカミがコヨーテの個体数を制限しているためと考えられる．
- 水中でミジンコが増加すると，原生動物や餌になる藻類が減少，ミジンコに濾過できない微小なバクテリアが優占する．

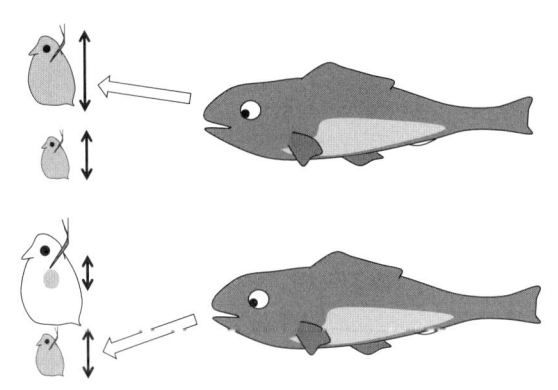

図 1-21 選択的捕食

捕食者の周りに複数の被食者がいる場合，捕食者は最も多くのエネルギーが得られる被食者を選んで捕食する．そのため，見掛け上体の大きい被食者が選択されがちである．

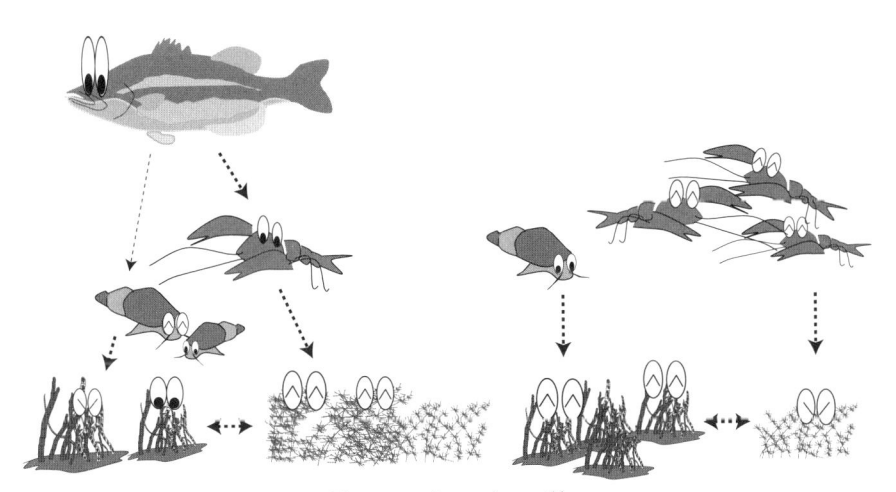

図 1-22 キーストーン種

同一の資源をめぐる競争の中で，本来優占するはずの種がより上位の捕食者の存在によって優占できなくなり，多数の種が共存できている場合，この上位種をキーストーン種とよんでいる．この種を取り除くと多くの種が姿を消すことになる．こうした種は広範囲の行動圏を有していることが多く，環境要因の改変の影響を受けやすい．

1.6 種の多様性と環境

(1) 種の多様性の階層性

　生物群集に含まれる種の豊富さを種の多様性(species diversity)という．種の多様性の基準は群集を構成する種の数(species richness)であるが，同時に，それぞれの種の個体数の均一性(均等度，evenness)なども重要な尺度である．

　種の多様性は考える空間のスケールにも依存する．個々の場所でみた場合には多様性が高い場合でも，それらの場所の集合である大面積の地域でみると，構成する場所どうしで同様な種構成である場合には多様性は増加しない．

　大面積の生息地を，それを構成する小面積の生息地に分けた場合，小面積内の種多様性をα多様性，小面積の生息地どうしの種構成の違いをβ多様性，全体の種多様性をγ多様性とよんで区別している(図1-23)．

　異なる生物群集の種の多様性を比較するときには，多様性指数(diversity index)が利用される．以下のような数学的指標がよく利用される．

シンプソンの多様性指数D

$$D = 1 - \sum_{i=1}^{S} p_i^2 \tag{1.13}$$

シャノン-ウィーナーの多様性指数H'

$$H' = -\sum_{i=1}^{S} (p_i \ln p_i) \tag{1.14}$$

ここでSは群集に含まれる種の数，p_iは種iの個体数が群集の全個体数に占める割合，相対優占度である．

　また，シャノン-ウィーナーの多様性指数を用いて，均等度指数J'も考案されている．

$$J' = \frac{H'}{H'_{\max}} \tag{1.15}$$

ここで，$H'_{\max}$は，種数が同じですべての種の相対的な均等度が同じであるときのシャノン-ウィーナーの多様性指数である．

　一般に，種の多様性は，生産性が低い間は増加，ピークとなった後は，優占する種が現れるために，生産性が上昇するにしたがって均等度とともに減少する(図1-24)．

1.6 種の多様性と環境　33

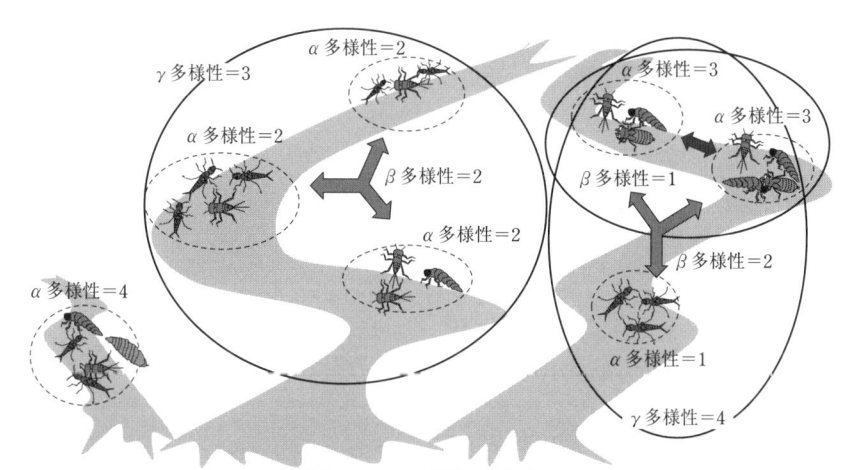

図1-23　多様性の階層性
多様性は，一つの生息地だけでなく，隣接する生息地との関係で考える必要がある．一つの生息地の多様性を α 多様性，生息地間の種構成の違いを β 多様性，全生息地の多様性を γ 多様性とよんでいる．一つの生息地内の多様性が高くても，類似した生息地ばかりでは，β 多様性は低くなり，全体としての γ 多様性も低い値となる．

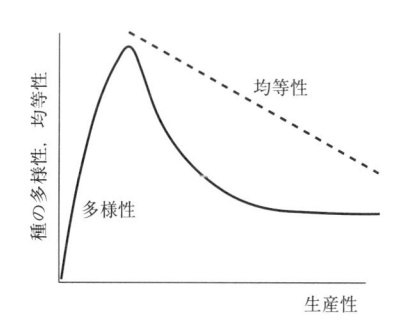

図1-24　生産性と種の多様性，均等性の関係
生産性の上昇とともに，競争に強い種が優占するために，種の多様性は減少し，均等度も減少する．

生物多様性

　生物多様性（bio-diversity）は，生態系や生物群系，もしくは地球全体に多様な生物が存在していることを示し，遺伝的多様性，種の多様性，生態系の多様性がある．様々な生態系が存在することで遺伝的多様性が維持され，環境の変化に適応する過程で種の分化に連なっていくものであるから，これらは相互に関係し合うものである．種の多様性もその中の一つである．

（2）r 戦略と K 戦略

① r-K 戦略説

それぞれの種のとる繁殖のパターンには，表 1-3 に示されるように，大きく二つの方向性がある．

個体数密度が少なく，十分な資源が存在して種内の競争が激しくない間は，種に特有な潜在的な繁殖能力を高めるように進化する方が個体数を増加させるのに適している．こうした繁殖戦略のことを，ロジスティック式 (1.4) の中で，密度の少ない初期の段階（$t \sim 0$）の増加率 r にちなんで r 戦略（r strategy）とよぶ．一方，個体数密度が高く，環境収容力に近い場合には種内の競争が激しく，種内の競争を勝ち抜く競争能力を発達させる方が有利である．こうした繁殖戦略は，やはりロジスティック式において t が無限大になったときに得られる個体数密度にちなんで K 戦略（K strategy）とよぶ．一般に，r 戦略者には小型の生物が多く，K 戦略をとるものには大型の生物が多い．特に，大型の生物になると親が子を保護するものもあり，少数の子を確実に育てる方向に進化している．

② 繁殖コスト

繁殖のスケジュールは，生涯で 1 回の繁殖を行うもの（1 回繁殖，semelparity）と，複数回に分けて行うもの（多回繁殖，iteroparity）に分けられる．個体の成長や体の維持に費やされるコストに比較して繁殖コストが大きい場合には，将来の繁殖の機会を維持するために多数回繁殖が有利である．こうした繁殖形態は大型の個体のものに多くみられる．一方，小型の個体では捕食される率も高く，繁殖を複数回に分けるよりも 1 回で行った方がより高い率で子孫を残せる．こうした場合には 1 回繁殖が選択される．

（3）環境変動と r および K 戦略をとる生活史の対応

同じ生息地でも環境は時間とともに変化する．環境の変動が大きいと個体数を安定に維持することは難しく，変動に応じて個体数が激減することもある．そうした場合には，個体数が激減した場合に急速に個体数を回復させる r 戦略者の方が有利に環境に適応できる（図 1-26 参照）．このように不安定な環境に適応した種のことを機会的な種（opportunist）とよんでいる．

一方，安定した環境では個体数はその環境収容力付近にまで増殖する．こうした場合には，競争に強い K 戦略者が有利になる．こうした種を平衡種（equilibrium species) とよんでいる.

表1-3 r戦略者とK戦略者の特性

	r 戦略	K 戦略
気 候	不規則に変化する場所	安定しているか周期的
死亡率	密度に依存せず壊滅的に生ずる	密度に依存して生ずる
生存曲線	Ⅲ型が多い	Ⅰ型もしくはⅡ型が多い
種内競争	穏やか	厳しい
進化する形質	1 高い内的自然増加率 2 速い成長 3 早くから繁殖 4 体は小さい 5 1回繁殖 6 多産 7 寿命は短い	1 高い競争能力 2 遅い成長 3 繁殖時期は遅い 4 体は大きい 5 多回繁殖 6 少産 7 寿命は長い

r戦略者はK戦略者と比較すると,競争種の存在しない場所で,高い内的自然増加率のもとに増え,気候など環境要因が不規則に変化する場所に適した戦略である.成長も速く,多産で,速くから繁殖を開始するために増殖速度は高い(図1-25参照).一方,K戦略者は,環境要因が安定していて,すでに他の種が入り込んできている場所に適した戦略である.成長は遅く,繁殖の開始時も遅いために繁殖の能力は低いが,体は大きく,高い競争力を有し,寿命は長い.しかし,環境要因の変動が激しいと,その変動に追随できなくなる.

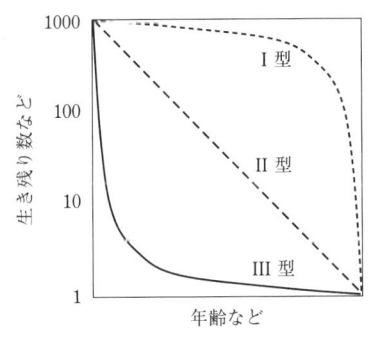

図1-25 生存曲線

生存曲線は,大きく,幼年期の死亡率は少なく,高年齢になって死亡するⅠ型,幼年期に死亡率の高いⅢ型およびその中間のⅡ型に分けられる.
Ⅰ型:哺乳類のように幼齢期に親の保護を受ける動物では初期の死亡率が低く,晩死型である.Ⅱ型:鳥類のように親が抱卵,孵化させ,幼鳥の世話をする場合,死亡率は生涯を通じて一定である.Ⅲ型:多数の卵を産み,親の保護を受けずに育つ動物は幼齢期の死亡率が極めて高い.

（4）撹乱と種の多様性

　生産力の小さいところでは種の多様性も少ない．しかし，生産力の増加に伴って多様性も増加し，ある生産力下で最大に達し，生産力がさらに増えた場合には多様性は減少する．水界生態系ではこの傾向が顕著である．貧栄養な水域では生息する生物が少なく，おのずと多様性も低い．貧栄養なもとでは，少しの栄養塩の増加もそのまま植物バイオマスの増加に寄与する．しかし，十分な光と空間が存在する間は，こうした資源を独占する排他的な種による影響は少なく，適度な生産力のもとでは様々な藻類や比較的生産性の低い大型植物も現れ，多様な生態系がつくられる．しかし，富栄養化が進み生産性が向上すると，競争に強い糸状藻類や大型の抽水群落のバイオマスが大きくなり光を独占する．そのため，光環境が悪化し，競争に弱い種は排除され，多様性は減少する．ところが，洪水撹乱が生ずると優占している種も排除され，多様性が回復する．

　このように，撹乱がほとんどない場所では，競争力の強い種が弱い種を排除して優占する．そのため，資源が多くなると優占種の優占度が上昇し，種の多様性は減少する．他方，撹乱が大きすぎても多くの種が絶滅するために種の多様性は減少する．こうしたことは中程度の撹乱を受ける場合に最も多様性が高くなることを示している．これは中程度撹乱説（medium disturbance theory）とよばれるもので，サンゴ礁や熱帯林をはじめ多くの場所で確認されている．

　撹乱の影響は空間的な面だけではない．

　撹乱を受けた直後は多くの種が姿を消している．そのため頻繁に撹乱を受けている状態では種が増加する時間がない．撹乱と撹乱との間に十分な時間があれば，全体のバイオマスが増加すると同時に，初期に現れる種，その後に現れる種と優占する種は変化する．また，撹乱の強度に応じて，それによって影響を受ける種の数は異なる．そのため，様々な強度の撹乱が適度な頻度で生じていると，これらの種が同時に出現し，最も多様性を高くする（図1-27）．

身近な撹乱現象

　セイタカアワダチソウは大量に種子を散布し，ロゼットにより越冬，アレロパシーを有し，急激な栄養繁殖を行うなど，撹乱に強い性質を有している．そのため，都市化に伴う開発で大繁殖を行った．しかし，放置された自然の中では，オギやススキなどとの競争には弱く，勢いが衰えてきている．

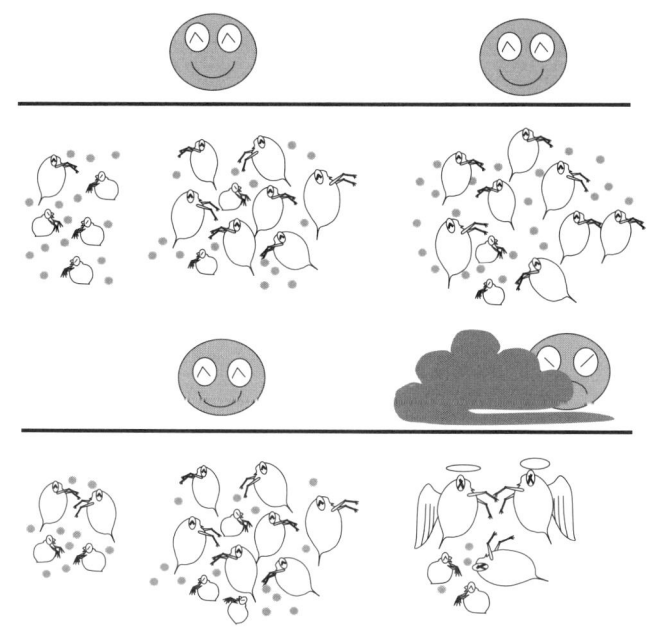

1.6 種の多様性と環境　37

図 1-26　環境変動と r 戦略，K 戦略

環境条件が長い時間一定な場合，個体数はその環境の環境収容力付近にまで増加するため，競争に強い K 戦略者の方が有利になる．一方，環境の変動が激しい場合には，世代交代が頻繁で個体数をより素早く変化する環境に合わせやすい r 戦略者が有利になる．

富栄養で生産性が高い場合

洪水の頻度が多い場合

図 1-27　撹乱と種の多様性

生産性が低い場合，生物の個体の数自体が少なく，撹乱が多いとさらに少なくなるために，多様性も低い．しかし，生産性が高いと，撹乱が少ない場合には，その環境に適した優占種の優占度が高まり，やはり多様性は減少する．多様性を保つうえでは適度な撹乱が必要である．

洪水の頻度が少ない場合

生産性 (productivity) と撹乱 (disturbance) が生物多様性 (bio-diversity) に与える影響

(5) 個体群の分断化

 生息場所が分断され相互の交流がなくなると，それぞれの個体群が縮小し絶滅の確率が高まる．絶滅のリスクが急増する個体数のことを最小存続可能個体数 (minimum viable population, MVP) とよぶ.

 分散能力の高い種は低い種と比較すると，相対的に分断化・断片化の影響を受けにくい．しかし，分散能力が大きい種でも，相互にその移動範囲を超える程度にまで離散化されると影響は大きくなる．

 自然界では，生物にとって生息可能な場所は不連続に分布している場合が多い．また，一様な場であっても，生物の分散速度は有限であるため，複数の地点から同時に移入すると，それぞれの生息域が拡大していっている途上においては，個体数密度は非一様な分布となる．また，人為的行為のために個体群が分断されている場合もある．そのため，生物の個体群密度の分布は空間的に不連続な分布となることが多い（図 1-28）．

 このような場合，高い密度でまとまって生息している個体の集合を局所個体群 (local population) とよぶ．しかし，こうした局所個体群を構成する個体も所属する個体群を超えた移動を伴う場合もあり，局所個体群どうしが緩く交流することになる．また，こうした緩い交流のある個体群どうしがまとまったもののさらに上に，より大きなまとまりが存在する場合もある．

 このように個体群が階層の構造をしている場合，局所個体群を超えたまとまりのうち，最上位に位置するものをメタ個体群 (meta population) とよぶ（図 1-29）．局所個体群の内部では，交配や親子関係で個体どうしの結びつきが強く，遺伝子の交流も頻繁に生じるため，局所個体群の規模が小さいと遺伝的な劣化が進んでいる場合もある．また，捕食者がいる場合には食いつくされる局所個体群も出てくる．さらに，伝染病の蔓延によって，個体群を構成するすべての個体が死滅することもある．ところが，こうした階層構造が存在していると，ある局所

個体群の分断の例

シベリア沿海州に生息するアムールヒョウは軍事目的の有刺鉄線，森林の開発などで生息地が分断され，これに密猟が加わり 20 頭程度にまで個体数が減少，近親交配が進んでいる．また，もともと分断されやすい河川の上流域にダムや堰が建設されると，イワナなどの個体群をさらに分断，遺伝的多様性を減少させる．

個体群が消滅しても比較的近い遺伝子を備えた周辺の個体群を存続させることができる．

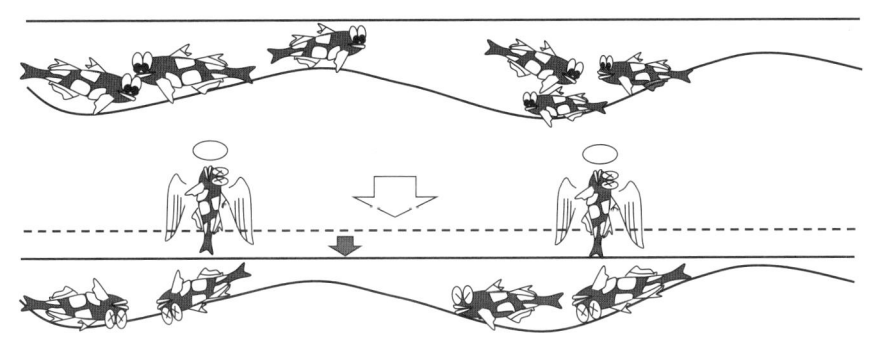

図 1-28　個体群の分断化
環境条件によって個体群が分断されると，それぞれの個体群の個体数が減少して遺伝子の劣化が生じ，絶滅しやすくなる．

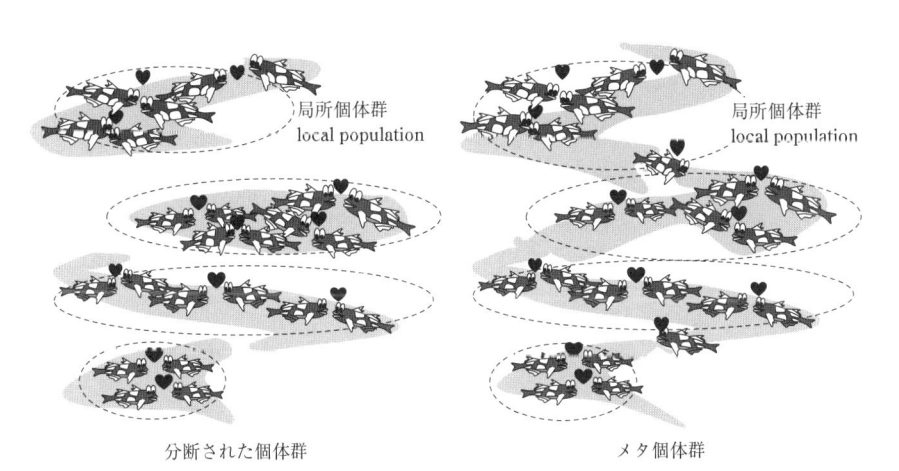

図 1-29　メタ個体群

個体密度は非一様にまとまりをもって分布していることが多く，こうしたまとまりのことを局所個体群とよんでいる．局所個体群どうしに交流がない場合，個々の局所個体群は個体数規模が小さく遺伝子の劣化が進みやすく，また，伝染病の流行などで局所個体群自体が消滅しやすい．ところが局所個体群どうしの交流がある場合，一つの局所個体群が消滅しても類似の遺伝子を備えた個体群が残る．また，遺伝子の交流も存在するために，遺伝子の劣化も進みにくい．こうした個体群のまとまりは階層的に形成される．その最上位のまとまりをメタ個体群とよんでいる．

(6) エッジ効果

孤立した生息場所では縁部においては外部からの影響が強く及ぶため，良好な生息場所にはなりにくい．生息場所の形状が細長い場合には，円形に近い場合と比較して，こうした場所の存在はより大きな影響を及ぼす．こうした効果をエッジ効果（edge effect）とよんでいる（図1-30）．エッジ効果で重要なことは，一つの種という視点だけでなく，生態系という視点でエッジ効果の存在を考慮することである．植物においてはエッジ効果の及ぶ範囲は比較的狭いものの，動物においては大きい．植物種と動物種が共生している場合には，エッジ効果で動物種が減少すると，共生している植物種も減少することになる．

キーストーン種になっている上位の捕食者がからんでいる場合には，エッジ効果の及ぶ範囲はさらに大きい．そのため，その種の消滅によって，カスケード効果によって，すべての種が影響を受けることになる（図1-31）．

開発を行う場合，より上位の種が重要な場合ほど，周辺地域を含むより広範囲な場所の保全が必要になる．

(7) 生息地の面積と種数の関係

生息地の面積が大きければおのずと種類も多い．生息地の面積 A と種数 S には，経験的に種数が面積のべき乗に比例することが知られている．すなわち，$S = \text{const } A^z$ の関係が成立する．これを種数–面積曲線とよぶ．面積が大きくなると種数が増加するのは，多様な生息環境が確保される確率が高いことや，面積が大きくなり移住してくる確率が高いためである．べき数 z は 0.2～0.4 程度の値になることが多く，周囲が比較的類似した環境にある大陸内の調査区よりも孤立した島や湖の方が大きくなる．これは大陸では，周囲と連続していることで大型動物のような大量の資源を利用する生物も生息可能で，対象とした面積が小さくても，制限される割合が少ないからである．これに対し，周囲と切り離された場所では，領域が小さければ資源の制限から大型の生物の個体群を維持することが困難である．そのため，維持できる個体群の数が生息地の面積により強く依存することになる．

1.6 種の多様性と環境　41

図 1-30　エッジ効果

　孤立した生息場所の縁部では外部からの影響が強い．外部からの影響は植物よりも動物の方が大きく影響を受ける．植物種と動物種が共生している場合には，動物種が影響を受けることで共生している植物も影響される．

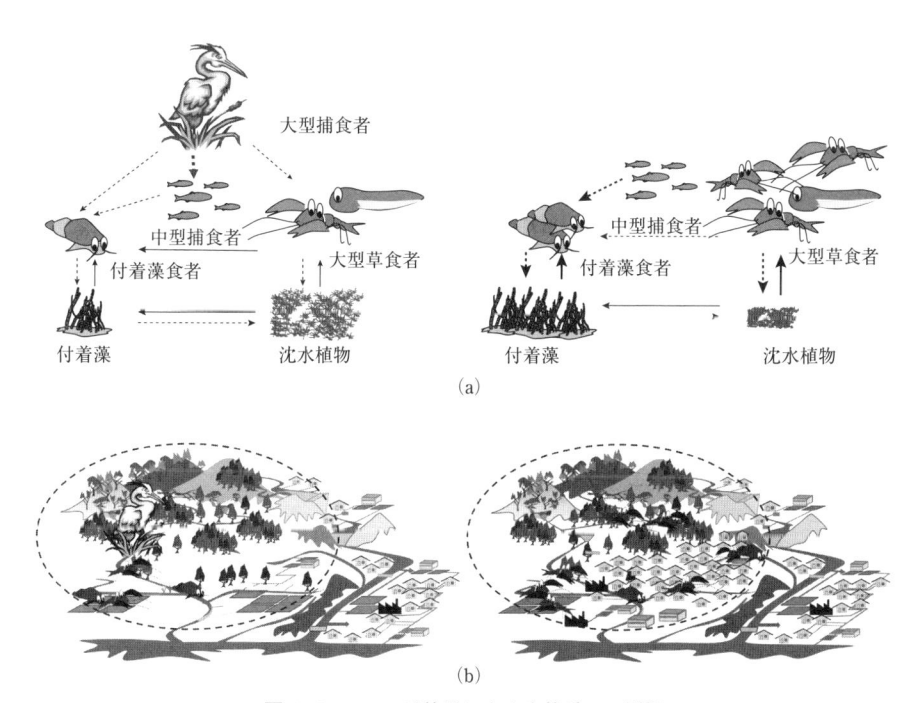

図 1-31　エッジ効果による生態系への影響

　一般に食物連鎖の上位にある種の行動範囲は広く，エッジ効果を受けやすい．ところが，こうした種はキーストーン種であることが多く，周辺地域の開発はそうした種に対してより強いエッジ効果がはたらく．そのため，食物連鎖下位にある優占種が変わってしまったり（a），広範囲にわたって種構成が変化してしまう（b）ことがある．

(8) 生息場の多様化

動物によっては，単一の生息場所では生息できず，異なったタイプの場所を必要とするものも多い．餌場とねぐらが異なる種や，幼生期と成体期とで生息場所の異なる両生類や幼生期を水中で生活する昆虫などがこれにあたる．

湖岸や河岸，海岸に建設される堤防は，本来連続的につながっていた水域から陸域への連続性を失わせる．そのため，従来はこの両方の生息空間を利用できていた生物もどちらか一方しか利用できなくなるため，両方の生息環境が必要な生物は生息できなくなる．

この現象は，実際に生息している場のみが対象になるわけではない．哺乳類のような大型の動物は移動性も高く，ほとんど陸域のみで生活しているものでも，水際を水飲み場などに利用する．また，水鳥の場合には，日常の行動範囲は極めて広く，ねぐらが陸域にあっても，行動範囲の中にある水辺を餌場に利用している．それぞれの生物の行動範囲の中の水域，陸域の共存が必要である．

生息場が多様であることは，それぞれの場所を住処とする様々な生物の生息が可能になり，種の多様性も増加する．また，多くの捕食者は視覚によって獲物を探すことから，生息場の形状が複雑で，隠れ家に利用できるものが多く存在していれば，被食者が捕食者から逃れる隠れ家（レフージ：refuge）となる場所が多くなる．また，そうしたもので光が遮られれば，視覚で獲物を確認できる範囲が小さくなる．さらに，捕食者と被食者の間に存在する様々な障害物は，捕食者が被食者を狙う範囲を狭める．逆に，様々な障害物は，捕食者が獲物に近付く際に，獲物に気づかれないように接近するために姿を隠す材料にもなることから，捕食者が適度に獲物を捕獲できる環境もつくり出す．また，一般に，捕食者は被食者と比較すると，産む卵や子どもの数は少ない．そのため，これらが高い確率で無事に成長することが必要になる．生息場が複雑であれば，捕食者が卵や幼生の時期に他の捕食者から逃れることも可能になり，親になるまで生き残る確率が増加する．このような様々な効果から，多様な生息場は捕食者と被食者の共存を可能にする（図1-32）．

都市の生活になれた人にとっては，様々なものが整然と並んでいることの方が美しいと感じがちである．そのため，公園などの計画設計もそうした視点で行われる場合が多い．しかし，生き物にとっては，むしろ雑然とした場所の方が適した環境である．

図 1-32 生息場の多様化

生活史の中で様々な生息場で生活する生物，多様な生息場を必要とする生物，隠れ家を必要とする生物にとって，生息場が多様で複雑であることが重要であり，生息場の多様性は種の多様性につながる．

生態系の階層構造

生態系を構成する生物群集は，生態系全体の影響を受けるものから，局所的な影響しかうけないものまで，様々な生物で構成されている．これらはお互いに影響し合ってはいるものの，一括して考えるよりも，むしろ階層的に取り扱う方が考えやすい．特に，森林や河川のように場所によって大きく変化する生態系では，階層構造が顕著にあらわれる．

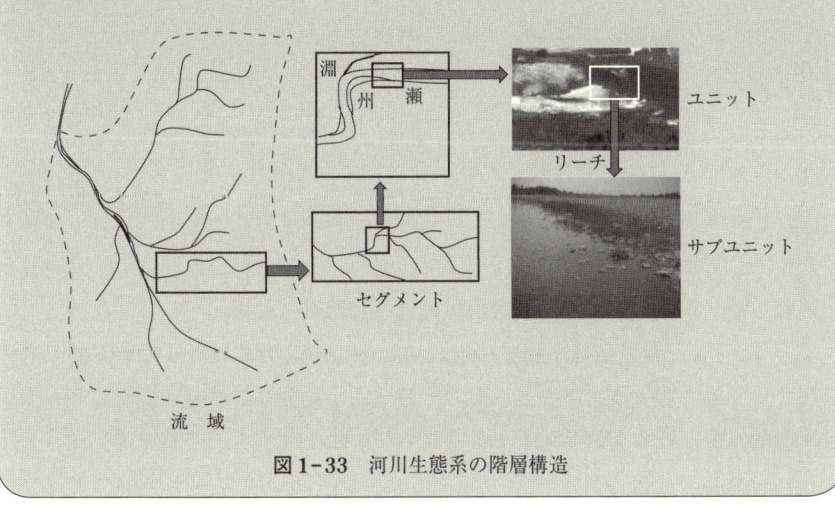

図 1-33 河川生態系の階層構造

1.7　植 生 変 遷

（1）一次遷移と二次遷移

　植物群落は時間とともにその質的，量的性質を変える．その中には，毎年繰り返される季節的なものと，ある方向に不可逆的に変化していくものがある．前者を季節的遷移（seasonal succession），後者を単に遷移（succession）とよんでいる．ただし，後者には，地質時代の木性シダ類が現在の常緑針葉樹に変化するような時間スケールで起こる地史的遷移（geological succession）と数十年，数百年程度の時間で生ずる生態的遷移（ecological succession）がある．

① 乾 性 遷 移

　陸上においては，まず，裸地に，先駆者（pioneer）である，コケ類や地衣類，草本類が侵入・定着し，その後，低木林へ，さらに高木へと移行していく．この過程は乾性植生遷移とよばれる．

　溶岩流や氷河堆積物，洪水によって土壌が削り取られていった河原などでは，光は十分に供給されるものの有機物が少なく栄養塩が不足している．このような環境に植物が侵入していく過程を一次遷移（primary succession）とよぶ（図1-34）．一次遷移では，最初にコケや地衣類，草本類など比較的少ない養分で育つ植生が侵入して，枯死した植物によって徐々に有機物が蓄積され，後から侵入する植物が定着しやすい環境が形成される．この過程は，環境形成作用（ecosystem engineering）とよばれる．草本類の増加によってヨモギやススキなどの陽性植物による草原が形成される．この状態では，まだ，日射は地表面まで到達する．そのため，草原は，ヤシャブシやハネコウツギなどの低木林，ハンノキ，シラカンバやマツのような陽樹林といずれも十分な日射が必要なものの徐々に背の高い林相に変化する．ところが，日射が地表面にまで届きにくくなり地表面が陰になると，ブナやカシのような少ない日射で生育可能な陰樹とよばれる樹種が侵入して混交林を形成する．その後は，陰樹の割合が徐々に増加して，陰樹林へと遷移していく．こうした推移過程は乾性遷移系列（xerosere）とよばれる（図1-35）．しかし，環境条件や種子の供給源からの距離によっては遷移系列の過程をとばして次の過程に進むこともある．例えば，空中窒素固定細菌などと共生する植物種の場合，木本類であっても遷移の初期に侵入することが可能である．

　これに対し，放棄された畑地や伐採された森林のように，土壌中に養分や埋

土種子集団などが十分存在する状態から出発する遷移は二次遷移（secondary succession）とよばれる．この場合，一次遷移の遷移過程をそのままたどるのではなく，すでに存在している種子などにも依存し，遷移系列の途中から出発する場合も多い．一次遷移と比較すると遷移に費やす時間は短い．

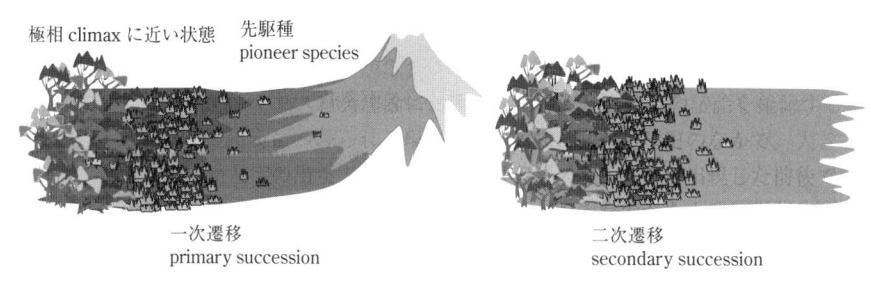

図 1-34　一次遷移と二次遷移

溶岩の流出後，冷えて固まった場所のように，もともとほとんど生物の存在しない裸地に，コケ類や地衣類が生え徐々に高木へと遷移する過程を一次遷移とよび，放棄された畑のように，すでに土壌中に栄養塩や埋土種子が存在する状態から植物が生えて遷移していく過程を二次遷移とよぶ．二次遷移は，一次遷移に比較して速く進行する．

裸　地	コケ，地衣類	草　原	低木林	陽樹林	混交林	陰樹林
母　岩	母岩が風化，コケ類や地衣類が生える	土壌が形成し，ヨモギやススキなどの草本群落に覆われる	陽樹の低木林が侵入	アカマツ，ハンノキなどの陽樹の高木林となり草原は衰える	陰樹が侵入し混交林となる	シイやカシなどの陰樹林となり安定
種子の散布形態		風散布型	付着散布型	重力散布型		
	先駆種が現れる					極相種

図 1-35　乾性遷移

② 湿性遷移

　湖沼においても遷移はみられる．特に寒冷地では分解速度が遅いために，貧栄養で深い湖においても，初期には植物プランクトンが一次生産の大部分を占める．これは植物プランクトン時代（phytoplankton stage）とよばれる．植物プランクトンの遺骸や土砂の流入などで徐々に浅くなり，沈水植物が一次生産者となる沈水植物時代（submerged stage），浮葉植物時代（floating leaved stage），さらに生産性の高い，ヨシ沼沢時代（reed swamp stage）と続き，その後は，乾性遷移の遷移系列をたどる．なお，植物プランクトン時代における浅化速度は，貧栄養や中栄養の湖沼で毎年1mm程度であるため，100mの深さをもつ湖の場合，10万年の期間を費やすことになる．

　浅くなる過程は，生物に寄因するものだけでなく，土砂の流入にもよる．前者を自発的遷移（autogenic succession），後者を多発的遷移（allogenic succession）とよぶ．これにより湖沼は浅くなり，湿原に変わる．こうした遷移は湿性遷移とよばれる（図1-36）．

　なお，湿原の表面まで冠水している状態を低層湿原，さらに植物の遺骸が堆積して冠水しなくなった状態を高層湿原とよぶ．

③ 森林の更新過程とギャップ

　樹木は，通常，親木の下では日射が十分ではなく育ちにくい．そのため，樹木の更新は林冠木が枯死したり，風などの撹乱で倒木して，比較的明るい場所が生じたときに起こる．こうした場所はギャップ（gap）とよばれる．実際には，極相林の発達には300年程度を要し，その間にはギャップの形成などの撹乱が繰り返される．ギャップで生じた空間には，新しく先駆者から出発する遷移が生ずる（図1-37）．ギャップは絶え間なく随所で生じており，モザイク状の群落を形成する．遷移はこのように，循環を繰り返しながら進行する（cyclic succession）．

（2）代償植生と潜在的自然植生

　ある気候において最終的に到達する最も安定と考えられる植生は極相（climax）とよばれる．その場所に存在する群集が極相で表されるような安定状態に達するには長い時間がかかるために，実際に最終的な極相が存在しているかどうかについては議論が分かれる．しかし，同一の気候のもとで，撹乱の程度も同様な場合には，類似した森林が形成されている．

本来その地域の気候条件下で成立する植生ではなく，伐採や植林で生じた森林や農耕地，牧草地は代償植生（substitutional vegetation）とよばれる。これに対し，人為的影響がなくなった場合に形成されるはずの植生を潜在的自然植生（potential natural vegetation）とよぶ。

貧栄養湖	沈水植物	抽水植物, 浮葉植物	湿 原
植物プランクトンが主な生産者	有機物, 流入無機物の堆積が進む	バイオマスの大きい植物に遷移し, 堆積が加速する	堆積物が水面より高くまで堆積し, 草原化

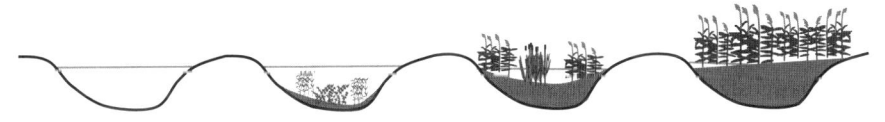

図 1-36 湿性遷移の遷移系列
湿性遷移では最終的に陸化が生ずるが，その後は乾性遷移の系列に従う。

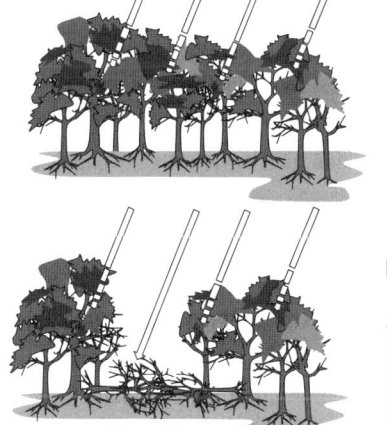

図 1-37 循環遷移
森林では，極相林になった後でも，落雷などの撹乱で倒木し，日射が差し込む空間ができあがる。こうした空間はギャップとよばれ，この空間には先駆種が入り込み，ここから新しく二次遷移が生ずる。このように，遷移の過程は詳細にみれば，モザイク状に循環型の遷移を行っている。

ギャップ

表 1-4 遷移の進行に影響を与える過程

過 程	機 構
促 進 （facilitation）	先に侵入した群集による，土壌条件のような無機的環境の改変によって後続の群集の侵入を促進させる。
抑 制 （inhibition）	遷移の過程では，先に侵入した群集が後続の種の侵入を妨げ，その種の死亡後か撹乱の後に初めて後続の種の侵入が可能になる場合もある。
耐 性 （tolerance）	遷移後期に侵入する種には，光などにおいて，低い資源量に耐えることができ，競争に強い性質が要求される。

遷移は，促進，抑制，耐性によりもたらされる性質の過程を伴って進行していく。

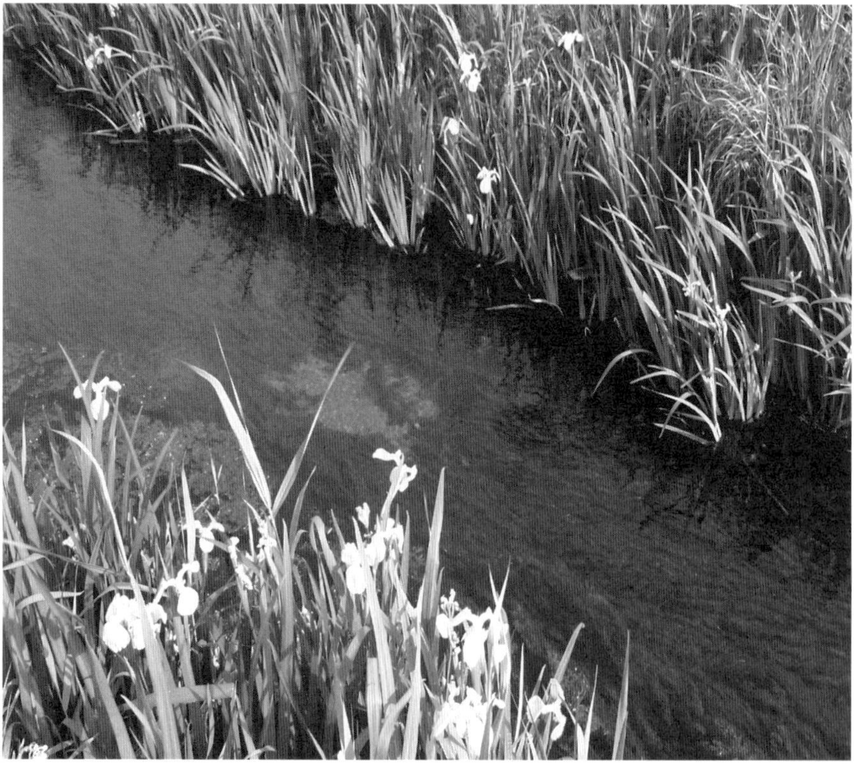

2 陸水生態系の基礎知識

　河川や湖沼は陸水とよばれ，人間が生活する場の身近に存在して，飲料水の水源をはじめとする様々な利用がなされてきた．そのため，昔から清涼で安全な水が求められてきた．一方では，河川は氾濫を引き起こすことで，人間生活に対して脅威にもなることから，人為的制御の対象になってきた．そうした両面から，そこに形成される陸水生態系は人間生活と深いかかわりがある．

2.1 水圏生態系のエネルギー収支

水域のエネルギー収支

水域は，水面から加熱されたり冷却されたりするため，水温分布も多くは水面を介したエネルギー収支に依存する．水面を介したエネルギー収支は図 2-1 のようなエネルギー源に支えられている．

放射エネルギー収支 (radiation budget)：物体の表面は絶対温度の4乗に比例する電磁波を発している．また，その波長は絶対温度の逆数に比例する．この中で，太陽の表面から発せられている電磁波が日射 (solar radiation) であり，表面温度が 5800 K と高いことから，波長は短く，可視光付近にピークをもつ．そのため短波放射ともよばれる．地上に届く以前に上空のオゾン層で紫外線 (ultra violet radiation) が，また，大気圏に入って水蒸気や二酸化炭素のそれぞれの吸収波長帯が吸収されたのち水面に届く（図 2-2）．晴れた日の日中には 500～800 W/m^2 程度に達するが，夜間にはゼロになる．水面に届いた電磁波も一部は反射されるため，すべてが水に吸収されるわけではない．

大気の分子からも電磁波が発せられている．上空の大気は 250 K 程度と低温なため波長は長く，赤外線が中心になることから赤外放射 (infrared radiation, 大気放射) とよばれる．夏季と冬季で上空大気の温度が異なるために，冬季で 300 W/m^2 程度，夏季で 400 W/m^2 と異なるが，昼夜を問わず比較的一定である．

水面も上空に向かって電磁波を発している．水面の温度は 270～300 K であるため，これも赤外放射である．

顕熱輸送 (sensible heat transport)：大気と水面との間に温度差があると，温度の高い方から低い方へ熱が輸送される．水面の温度の方が大気より低い場合には，水面に接した大気層は冷却され密度が大きくなるために大気は安定に存在する．この場合には，熱は伝導によって伝えられる．ところが，水面の温度の方が高い場合には，水面に接した大気は加熱され，軽くなって上昇し対流を生ずる．そのため，大気中の混合が活発になり熱の輸送も大きくなる．

潜熱輸送 (latent heat transport)：水分子が蒸発する際には，温度は変化しないものの周囲から 1 mol あたり約 40.8 kJ の熱を吸収する．また，大気中の水蒸気が凝結する際にも同量の熱がもたらされる．こうした相の変化によるエネルギー輸送を潜熱輸送とよぶ．

流出および流入によるエネルギー収支：対象とする水域に流入，流出する河川や地下水を介してもエネルギー輸送が生ずる．すなわち，流入する水温と対象水域の水温の差分に流入水量をかけた量に相当するエネルギーが水域に加えられ，流出する水温と対象水域の水温の差分に流出量をかけた量に相当するエネルギーが水域から減少する．

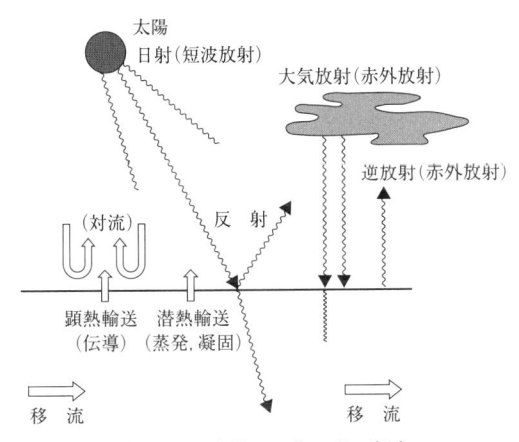

図 2-1 水域のエネルギー収支

水域のエネルギー収支は，波長の短い日射，長波長の赤外放射で構成される放射熱，熱伝導と対流に伴う顕熱輸送，水の相変化によって生ずる潜熱輸送および水中での移流による．

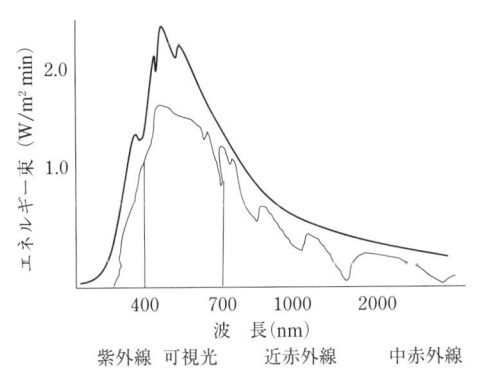

図 2-2 太陽光のスペクトル分布

太陽から届く光は成層圏上端に届いた後に，オゾン層や二酸化炭素，水蒸気によって吸収されるために，地上で受ける光のスペクトル分布はそれとは異なったものになる．

日射のうち可視光は 400〜780 nm の波長をもち，それより波長の長いものが赤外線であり，赤外線は，波長によって，近赤外線 780〜2000 nm，中赤外線 2000〜4000 nm，遠赤外線 4000〜10 000 nm に分けられる．また，可視光より波長の短い側には紫外線領域がある．これも，波長が 315〜400 nm の UVA，280〜315 nm の UVB，280 nm 未満の UVC に分けられる．

2.2 日射と光合成

① 水中の光強度の分布

水中において日射量は深さとともに指数関数的に減少する．この関係は以下のように導くことができる．

図2-3に示されるように，水中を進む光が，水深 dz 進む間に，強度が dz 減衰し，I から $I-dI$ に変化したとすると，水深に対する光の減衰率は $\{(I-dI)-I\}/dz = -dI/dz$ と表される．光の減衰がそこでの強度に比例し，その減衰係数が一定であると仮定して，これを k_d と置くと，光の減衰を表す関係は，

$$\frac{dI}{dz} = -k_d I \quad (2.1)$$

で与えられる．この解は，$I(z) = I_0 \exp(-k_d z)$ である．すなわち，光強度は水中では水深に対し指数関数的に減衰することが示される．なお，ここで，$I(z)$ は水深 z での光強度，I_0 は水面での光強度を表す．この関係を利用すると，光の減衰係数は，水深 z_1 の光強度 $I(z_1)$ と z_2 の光強度 $I(z_2)$ を用いて，

$$k_d = \frac{\ln I(z_1) - \ln I(z_2)}{z_2 - z_1} \quad (2.2)$$

と表される．

このように，光強度は水深とともに急激に減衰するが，光合成量は必ずしも，その水深の光強度のみに依存するわけではない．

水中の光合成量は日射強度が弱い間は水面近傍で最も高く，水深とともに低下する．しかし，日射強度が強い真夏の日中などでは，水面よりも少し深いところでピークをとる（図2-5）．これを強光阻害（photoinhibition）とよぶ．この原因としては，日射強度が強すぎると，紫外線により葉緑体が影響を受けること，光呼吸量が増大すること，光強度が弱いと植物プランクトンが順応して，細胞内のクロロフィル濃度を増加させることなどがあげられる．

水中に入った日射は，一部は散乱や吸収を受け，残りは透過する．純水中では，赤色光は水面下1m以内で65%吸収されるのに対し，青色光は0.5%しか吸収されない．そのため，純水は青く見える．溶解性の物質や懸濁した浮遊物質や植物プランクトンによって，それぞれの吸収波長が選択的に吸収される．また，一部は水分子や浮遊物質により散乱を受ける．波長の短い光の方がより多く散乱する．

これらの過程によって，透過率は，貧栄養の場合には，緑色や黄色の光が最も透過率が高く，富栄養になるにしたがって，そのピークは長波長側に移動する（図2-4）．

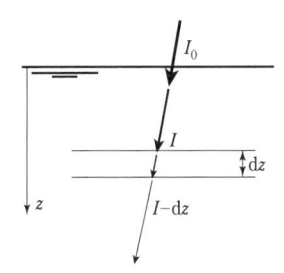

図 2-3　光の透過

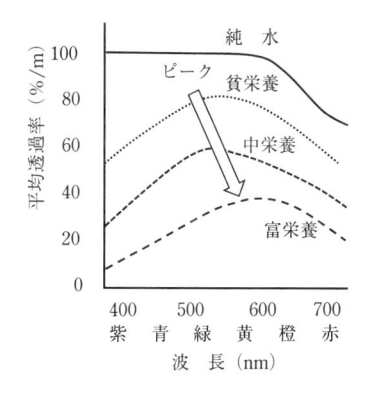

図 2-4　水中の可視光の分布

純水中では赤色光の吸収は比較的高いものの青-緑色光は大部分透過する．富栄養になるにつれ，溶解性の物質や浮遊物質，植物プランクトンによる吸収によって透過率は減少する．その際，ピーク波長は徐々に長波長側に移行する．

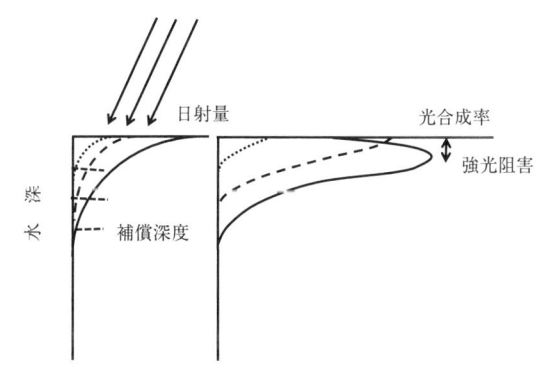

図 2-5　水中の光合成量

植物プランクトン量の分布は，日射が強いと，水面近傍よりもやや深いところでピークとなる．こうした現象は強光阻害とよばれる．一部のシアノバクテリアは上下運動を行うことが可能であり，その分布は，一日のうちでも日射量に応じて変化する．

② 太陽光の光エネルギーを最初に吸収する植物色素はすべて葉緑体中に存在し，アンテナ色素とよばれるいくつかの色素によって構成され，異なる波長の光が吸収される．吸収されたエネルギーはクロロフィル a の一部で構成される反応中心とよばれる場所に集められ，光合成に利用される．表2-1に示されるように，植物は種類によって異なるアンテナ色素を保有しており，吸収する光の波長も異なる．そのため，水中においては，これらの植物の分布状況によっても減衰する光の強度が異なる．

純水そのものは長波長の光を多少吸収する程度であるが，図2-6に示されるように，クロロフィル（chlorophyll）は青色部400〜450 nmと赤色部650〜700 nmの波長の光を吸収し，カロテノイド（carotenoid）は400〜450 nmの波長の光を吸収する．紅藻類（Rhodophyta）やシアノバクテリア（Cyanobacteria, 藍藻類）はフィコエリトリン（phycoerithrin）とフィコシアニン（phycocyanin）からなるフィコビリン（phycobilin）を保有し，クロロフィルやカロテノイドが吸収しない500〜600 nmの光を吸収する．すべての植物プランクトンがクロロフィルやカロテノイドを有するため，植物プランクトンの多い水中では，青色光がより速く減衰し，波長スペクトルの中のエネルギーピークは水深とともに徐々に長波長の側に移行する．

光の量は，エネルギーや光量子で表される．通常の日射計では，光のもつエネルギー束密度が計測され，単位として，W/m^2 が用いられる．一方，光量子1個のもつエネルギー量は短波長の光ほど高く，長波長の光では低い．また，光合成はクロロフィルが光量子を吸収するごとに生じる反応であり，光量子数によって定ま

日 射

地球上における究極的なエネルギー源は太陽からの日射である．日射は，表面温度（5800 K）の物体表面から発せられる電磁波であり，波長帯はその温度に応じた可視光を中心とする波長帯に分布している．日射は地上に達する以前に，成層圏に存在するオゾン層でまず短波長の紫外線が，次に，対流圏に入って，水蒸気や二酸化炭素によって，赤外領域の長波長帯でそれぞれの吸収波長帯の電磁波が吸収される．そのため，太陽から大気圏上端部に届く光の波長分布とは多少異なった形で地上面に届く．光合成に用いられる波長は400〜700 nmの可視光にあたる波長帯であり，日射の中では，おおむね最も大きなエネルギーを有する波長領域である．

る．そのため，光合成にとっては，エネルギー束密度よりも光量子束密度（photon flux density）の方が重要になる．光量子束密度の単位は，通常，$\mu mol/(m^2 \cdot s)$で表され，エネルギー束との関係は，可視光領域では，おおむね，$1\ \mu mol/(m^2 \cdot s) = 0.2 \sim 0.25\ W/m^2$ 程度である．また，日中の屋外の光量子密度は，$1000 \sim 2000\ \mu mol/(m^2 \cdot s)$ 程度である．

表 2-1　各生物群の有するアンテナ色素

	クロロフィル				バクテリオクロロフィル	フィコビリン	カロテノイド
	a	b	c	d			
種子植物 シダ植物 コケ植物	+	+	−	−		−	+
緑藻	+	+	−	−		−	+
ミドリムシ	+	+	−	−		−	+
珪藻	+	−	+	−		−	+
渦鞭毛藻	+	−	+	−		−	+
褐藻	+	−	+	−		−	+
紅藻	+	−	−	−		+	+
藍藻	+	−	−	+		+	+
紅色イオウ細菌					+	−	+
緑色イオウ細菌					+	−	+

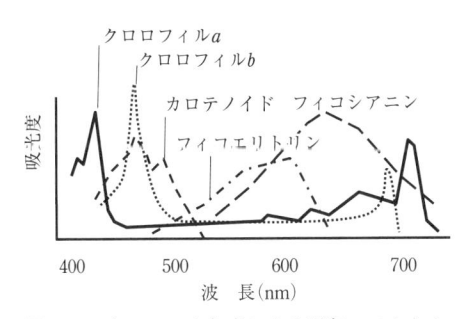

図 2-6　各アンテナ色素による吸収スペクトル

表2-1に示されるように，植物は吸収する波長帯の異なるいくつかのアンテナ色素とよばれる集光物質をもっている．最も一般的な色素であるクロロフィルは青色と赤色の光を吸収する．紅藻類や藍藻類のもつフィコビリンとよばれるフィコシアニンやフィコエリトリンは，他の色素では吸収されにくい500〜650 nmの波長の光を吸収する．

2.3 酸素と二酸化炭素

(1) 溶存酸素

酸素に限らず，気体が水に溶解する割合は，温度が低いほど高くなり，また気圧に比例する（ヘンリーの法則）．

真生細菌以上の生物は酸素呼吸を行うために，水中における溶存酸素(dissolved oxygen：DO) は，そうした生物の生息を可能にし，有機物を分解する従属栄養生物のはたらきを促進する．また，硫化水素やアンモニアの発生を防ぐなど，水質浄化に貢献する．水中の溶存酸素は，水面を通して大気から供給される他に，光合成によっても生成される．そのため，湖沼においては，透明度が高いと光が深部にまで達することから，深部においても高い酸素濃度が維持され，また，水中の酸素濃度は，光合成が行われる昼間の方が夜間よりも高くなる．

(2) 溶存二酸化炭素

溶存二酸化炭素（dissolved carbon dioxide）は水中の植物が光合成を行う際の炭素源である．ところが，水中の乱流拡散の強度は大気と比較すると極めて小さく，二酸化炭素の輸送速度は遅い．そのため，水中では，ある場所でさかんに光合成が行われると周囲からの二酸化炭素の供給が追い付かなくなり，光合成自体が制限されることになる．

二酸化炭素の供給源としては，大気からの溶解や，バクテリアの呼吸によるものがある．溶存無機炭素は，水中では，図2-7に示されるように，二酸化炭素，炭酸水素イオン，炭酸イオンの形態をとり，それらの存在する割合は水中のpHによって変化する．すなわち，pHが低いと二酸化炭素の割合が大きく，pHが高くなるにつれ，炭酸水素イオン，炭酸イオンの割合が大きくなる．ところが，光合成によって二酸化炭素が消費されると，この比を保つために，炭酸水素イオンが二酸化炭素に，また，それを補うために炭酸イオンが炭酸水素イオンに変化する．そのため，水素イオン濃度が減少してpHが上昇する．その結果，二酸化炭素の割合はさらに減少する．ところが，この変化の中で，炭酸水素イオンから二酸化炭素を生成するには時間がかかるために，水域でさかんに光合成が行われて二酸化炭素濃度が減少すると，炭酸水素イオンからの補給が追い付かなくなる．このために，光合成が活発に行われる夏季の昼間の表層においてはpHが上昇し，

光合成を維持するための二酸化炭素の量が不足する.

こうした二酸化炭素不足は,全体が水中にある沈水植物にとっては深刻である.そのため,炭酸水素イオンを二酸化炭素に変化させて光合成に利用したり,気中葉を形成して空気中から二酸化炭素を摂取したり,二酸化炭素の吸収を夜間に行い,昼間は二酸化炭素の吸収を伴わない反応のみ行うような光合成の仕組み(CAM)を採用するなどの様々な戦略を備えているものもある(図 2-8).

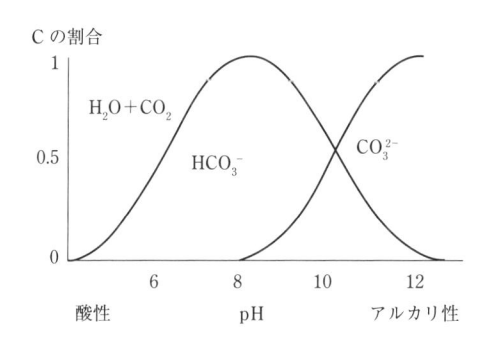

反応速度 : 速い 遅い 極めて速い 極めて速い
$CO_2(gas) \longleftrightarrow CO_2 + H_2O \longleftrightarrow H_2CO_3 \longleftrightarrow HCO_3^- + H^+ \longleftrightarrow CO_3^{2-} + 2H^+$

図 2-7 水中の無機炭素の割合
水中の無機炭素は,二酸化炭素の状態,炭酸水素イオンの状態,炭酸イオンの状態の三つの形態をとり,その割合は pH によって変化する.光合成は主に二酸化炭素(CO_2)を用いて行われる.二酸化炭素が減少すると化学平衡の関係から,反応が左向きに進む.そのため,H^+ の量が減少,pH が上昇し,さらに,二酸化炭素の割合が減少する.

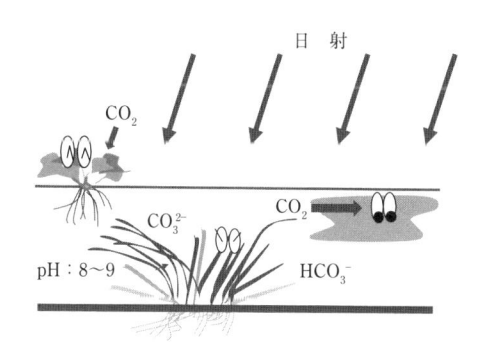

図 2-8 水中における二酸化炭素をめぐる競争
浮遊,浮葉植物は空気中から二酸化炭素を得るが,沈水植物の場合,水に溶けた二酸化炭素を利用するため,光合成が盛んになると二酸化炭素の利用が増し,pH が上昇する.pH が上昇すると二酸化炭素の割合が少なくなり,より欠乏することになる.

土壌中の酸素濃度：酸化還元電位とバクテリア

酸化還元系における電子のやり取りの際に発生する電極電位を酸化還元電位 (redox potential, oxidation-reduction potential) とよぶ．水素ガス分圧 1 気圧，水素の活量が 1 のときの電極電位を 0 V と定義する（標準水素電極）．標準水素電極を陰電極で生ずる反応としたときに，陽極に生ずる反応の起電力が標準酸化還元電位 E_0 である．また，pH 7 での電位を中間酸化還元電位 E_0' とよび，これを酸化還元電位 E_h とよぶ場合もある．特定の物質と標準基準電極との間の電位差は次のエルンスト (Ernst) の式によって求められる．

$$E_h = E_0 + \frac{RT}{nF} \ln \left(\frac{[\text{ox}]}{[\text{red}]} \right) \qquad (2.3)$$

ただし，R は気体定数（8.314 J/Kmol），T は絶対温度，n は mol 数，F はファラディ (Faraday) 定数（96 500 C）である．なお，中間酸化還元電位 E_0' は標準酸化還元電位よりも pH 7.0，25 ℃で 420 mV 低い値となる．

物質を還元させてエネルギーを取り出すバクテリアは，それぞれが生息する酸化還元電位の範囲をもっている．そのため，ある場所が冠水した場合を考えると，そこに存在していた有機物は徐々に分解されるものの，分解する主体は順次変化していく．土壌中の酸素濃度は徐々に低下し酸化還元電位も低くなることから，有機物は，まず，はじめに好気性のバクテリアに分解され，次に硝酸還元バクテリア，その後，マンガン，鉄，硫酸還元バクテリアに分解され，最後にメタン発酵が生じる．そのため，生成される物質の相対濃度も図 2-9 のように時間とともに変化する．

一方で，有機物の分解速度は好気性バクテリアが高く，より還元状態で分解するバクテリアによる分解に移行するにつれ徐々に低下する．

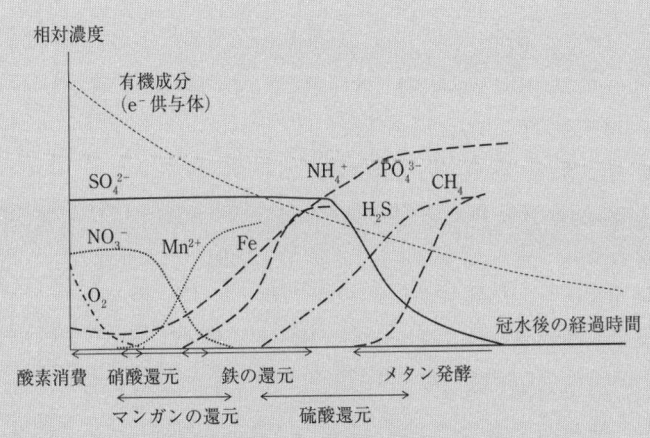

図 2-9 有機物の分解過程と酸化還元電位

400〜600 mV：酸化反応
$O_2 + 4e^- + 4H^+ \rightarrow 2H_2O$

250 mV：脱窒反応（硝酸還元）
$2NO_3^- + 10e^- + 12H^+ \rightarrow N_2 + 6H_2O$

225 mV：マンガンの還元
$MnO_2 + 2e^- + 4H^+ \rightarrow Mn^{2+} + 2H_2O$

$+100 \sim -100$ mV：鉄の還元
$Fe(OH)_3 + e^- + 3H^+ \rightarrow Fe^{2+} + 2H_2O$

$-100 \sim -200$ mV：硫化水素の発生
$SO_4^{2-} + 8e^- + 9H^+ \rightarrow HS^- + 4H_2O$

-200 mV：メタン発酵
$CO_2 + 8e^- + 8H^+ \rightarrow CH_4 + 2H_2O$

2.4 栄養塩

（1）植物における主要栄養元素

　高等植物の生育にとっては，表 2-2 のような元素が必須であると考えられている．これらは，① 体を構成する有機化合物の構成成分となっている，② 酵素の反応を助ける，③ イオン平衡に関係し膜の透過性を左右する，④ 酸化還元系ではたらくなどのはたらきを行っている．水素から硫黄までは比較的大量に必要なことから多量元素（macro elements）とよばれ，その他は必要量が微量なことから微量元素（trace elements）とよばれる．

　この中で，水素，炭素，酸素は水と二酸化炭素および酸素ガスとして吸収されるが，他の元素については，水中葉や不定根とよばれる組織を介して水中から吸収されるものはあるものの，大部分はイオンの形で土壌中から根を介してとりこまれる．植物プランクトンや水生植物の生育には，これら元素の中で，比較的大量に必要となる窒素や土壌粒子に吸着されやすいリンが不足しがちで，生育速度もこれらの元素の量に依存することが多い．

　植物が必要とする窒素とリンの割合の比は，モル比で 1000/60～16 程度である．特に，植物プランクトンを構成する平均的な炭素，窒素，リンの比，106：16：1 はレッドフィールド（Redfield）比とよばれ，しばしば植物プランクトンの生育を律している元素を特定するのに用いられる．すなわち，窒素とリンのモル比が 16 よりはるかに大きい場合にはリンが，はるかに小さい場合には窒素が植物プランクトンの生育を律速する元素である．

　微量元素の中には，塩素，亜鉛，銅などのように必ず微量は必要なものの，大量に存在すると毒性を発揮するものも多い．

　なお，表 2-2 に示される元素の割合は，あくまで平均的な値である．植物の体の大部分は炭水化物で構成されるため，炭水化物の成分である炭素，水素，酸素の割合はモル比で 1：2：1 と比較的一定値に近い．しかし，他の元素の含有量の割合は土壌に含まれる値や供給量に左右される．また，窒素やリンの含有量は若い個体ほど高く，葉に含まれる量は茎や幹に含まれる量と比較して高いなど組織間の差も大きい．

表 2-2　高等植物に含まれる必須元素と利用形態

元　素	化学記号	利用可能な形	乾燥組織中の濃度（mmol/kg）
多量元素 macro elements			
水　素	H	H_2O	60 000
炭　素	C	CO_2	40 000
酸　素	O	O_2, CO_2	30 000
窒　素	N	NO_3^-, NH_4^+	1000
カリウム	K	K^+	250
カルシウム	Ca	Ca^{2+}	125
マグネシウム	Mg	Mg^{2+}	80
リ　ン	P	HPO_4^-, HPO_4^{2-}	60
硫　黄	S	SO_4^{2-}	30
微量元素 trace elements			
塩　素	Cl	Cl^-	3.0
ホウ素	B	BO_3^{3-}	2.0
鉄	Fe	Fe^{2+}, Fe^{3+}	2.0
マンガン	Mn	Mn^{2+}	1.0
亜　鉛	Zn	Zn^{2+}	0.3
銅	Cu	Cu^{2+}	0.1
ニッケル	Ni	Ni^{2+}	0.05
モリブデン	Mo	Mo_4^{2-}	0.001

高等植物の体は大部分炭水化物 $(CH_2O)_n$ で構成されており，炭素と酸素で 80〜90% を占める．水素，炭素，酸素は水と二酸化炭素として取り込まれるが，他は無機イオンの形で根から取り込まれる．

表 2-3　主な必須元素の植物体内での役割と欠乏症

元　素	植物体内での役割	欠乏症
N	タンパク質・酵素・核酸の成分	成長停止，黄変，落葉
P	核酸・リン脂質・（複合）タンパク質・ATP の成分	古い葉が赤変，成長停止
S	タンパク質・酵素の成分	若い葉の黄変
K	膜電位・イオンの調節，タンパク質の合成促進	分裂組織の発育低下
Ca	細胞壁のペクチンの成分，膜電位・イオンの調節	細胞分裂異常，奇形葉
Mg	クロロフィルの成分，酵素の補助因子	光合成阻害，黄白化
Fe	シトクロム（電子伝達物質）の成分	呼吸阻害，黄白化

炭素，水素，酸素は炭水化物を構成する．

(2) 窒素の循環

窒素（nitrogen）は他の元素と結合しにくい安定な元素であるが，アミノ酸，タンパク質，核酸などに含まれて生物体の構成に重要な元素であり，種々の代謝や生命現象に関係する酵素に含まれるなど，生命活動を維持するうえでも不可欠なものである．主要な光合成色素であるクロロフィル a の生成にも利用される．窒素は大気の約 80％を占めるが，地表から 16 km の深さまでの地殻の平均的元素組成では 0.03％程度と考えられ，地殻の風化によっても大量に生成されることはない（図2-15参照）．そのため，水域においても一般に少量存在するだけである．生物体内の窒素含有量は，単細胞藻類で 6～10％，維管束の水生植物で 1.3～3.0％程度であり，動物の場合にはこれより多く，魚類で 8.3～10.7％程度，無脊椎動物で 7～10％程度である．

自然界においては，窒素は図 2-10 に示されるような過程で生態系の中を循環している．

① 窒素固定

空気中の窒素ガス N_2 を利用できるのは窒素固定生物（nitrogen fixing organisms）に限られる．これには，一部の細菌類やシアノバクテリア，放線菌類が含まれる．こうした生物は，ニトロゲナーゼ（nitrogenase）という酵素を用いて，空気中の窒素を利用可能な窒素化合物に固定して窒素源とする．これには，大きく，他の植物に共生して窒素固定を行うもの（共生的窒素固定）と単独で生活するなかで窒素固定を行うもの（単生的窒素固定）がある．陸域の生態系で共生的窒素固定を行うものには，マメ科植物と共生する根粒菌（*Rhizobia*）やハンノキやアキグミなどと共生する放線菌（*Frankia*）などがあり，土壌の窒素を供給する役目を担う（図2-11）．そのため，こうした植物は窒素の不足する土壌にも強い．水中においては，植物プランクトンの一種のシアノバクテリアの *Nostoc* や *Anabaena* が，単生的に窒素固定を行う．この場合，窒素固定は嫌気的環境で行われるために，通常の栄養細胞と異なるヘテロシストとよばれる細胞で行われる．このように窒素固定生物は空中の窒素を利用可能な形に変化させることが可能なものの，窒素固定には大量のエネルギーを必要とする．そのため，利用可能な窒素が十分に存在している場合には窒素固定は行われない．

② 窒素の取込み

窒素は，一次生産者である藻類や維管束植物には，硝酸，アンモニウムイオン

という形で，とりこまれる．ここで，藻類はアンモニウムイオンを，維管束植物は硝酸を優先して利用する．

硝酸として取り込まれた窒素は細胞内で還元され，アンモニウムイオンにまで還元される．ところが，アンモニアは有毒であるため，生成されるアンモニウムイオンは，植物体内で，すばやくグルタミンを経てグルタミン酸に合成される．

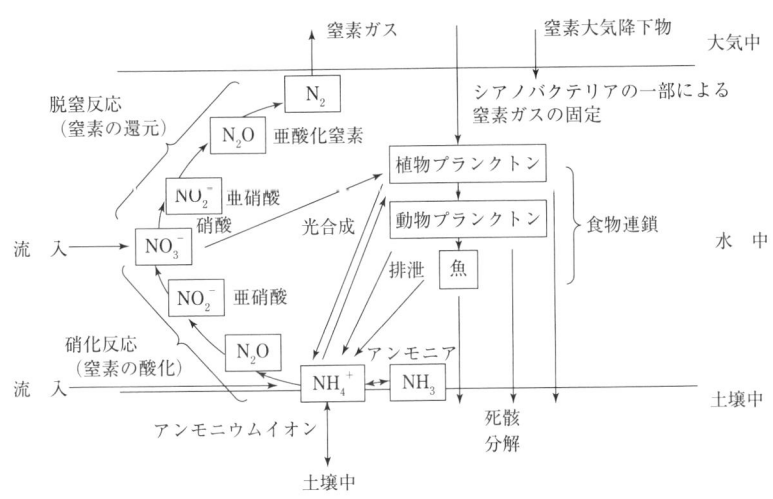

図 2-10 水域，陸域における窒素循環の類似性

窒素循環の中で，その過程は，降雨や河川による外からの流入，硝化・脱窒過程による窒素ガスの系外への放出，窒素固定細菌による大気中からの取込み，植物や植物プランクトンによる吸収，食物連鎖，死亡・分解による回帰で構成される．

それぞれの役割を担う生物群集は異なるが，循環の形態は類似している．

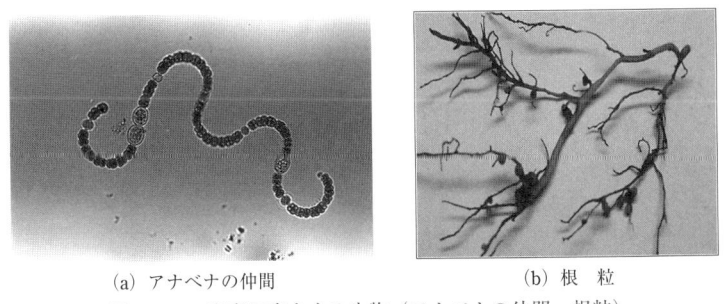

(a) アナベナの仲間　　(b) 根　粒
図 2-11 窒素固定をする生物（アナベナの仲間，根粒）

窒素固定を行うためには，嫌気状態でなければならない．ところが，通常の細胞は呼吸を行うために酸素を必要としている．そのため，アナベナなどの藍藻類は，ヘテロシストとよばれる通常の細胞とは異なる細胞で窒素固定を行う．植物の根に共生する根粒菌は根に根粒とよばれる塊をつくり，その中で，根粒菌が繁殖する．

③ 食物連鎖による移動

深い湖沼では，生産者は主に植物プランクトンであり，ミジンコをはじめとする草食の動物プランクトンに捕食される．また，この動物プランクトンが魚類に捕食されることによって，体内に含まれる窒素分は順次，高次の栄養段階にある生物に引き継がれることになる．こうした生物が死亡すると，遺骸は分解されて再び無機態の窒素に変化する．

窒素は流域から流入する汚濁負荷によっても水域に流入する．

④ 硝化・脱窒作用

生物の遺骸や排泄物中のタンパク質などの有機化合物は分解されてアンモニウムイオンになる．好気的な環境においては，亜硝酸細菌（*Nitrosomonas*）によって亜硝酸 NO_2^- に，さらに硝化細菌（*Nitrobactor*）によって硝酸 NO_3^- に酸化される．この一連の反応は硝化作用（nitrification）とよばれる．こうして生成された硝酸は脱窒細菌である *Pseudomonas* や *Micrococcus* などによって，有機物を酸化することで窒素ガスにまで還元され，空気中に放出される．この反応を脱窒作用（denitrification）とよぶ（図 2-12）．

水底の土壌中は貧酸素な状態にあるため，窒素はアンモニアやアンモニウムイオンの形で存在するものの割合が高い．ところが，通常，土壌の表面には厚さ数 mm の酸素の豊富な薄い層が存在する．そのため，土壌中のアンモニウムイオンなどが貧酸素な層から酸素の豊富な層に拡散すると，そこで硝化され硝酸に変化する．しかし，これが再び貧酸素な土壌中に拡散すると，脱窒細菌のはたらきで還元され，窒素ガスに変化し，大気中に放出される（図 2-13）．

（3）リンの循環

リン（phosphorus）は土壌中に含まれ，カルシウムや鉄などと化合しており，そのままでは植物には利用されない．生物に利用されるのは，溶解性のオルトリン酸態のリンのみである．

リン酸は河川中では，多くは利用されないまま川底に堆積されている．そのため，植物に利用されるリン酸の供給源は，主に有機物の分解で生じたものや下水中に含まれていたものなどである．そうしたリン酸も多くは浮遊する有機物中に含まれるものや無機物と結合している状態であり，有機物分解や無機物からの遊離・放出の後に，はじめて植物に利用可能なものに変化する．

硝化過程

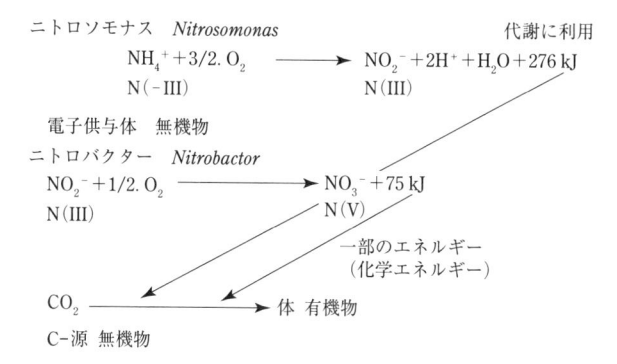

ニトロソモナス　*Nitrosomonas*

$$NH_4^+ + 3/2\,O_2 \longrightarrow NO_2^- + 2H^+ + H_2O + 276\,\text{kJ}$$
$$N(-\text{III}) \qquad\qquad\qquad N(\text{III})$$

代謝に利用

電子供与体　無機物

ニトロバクター　*Nitrobacter*

$$NO_2^- + 1/2\,O_2 \longrightarrow NO_3^- + 75\,\text{kJ}$$
$$N(\text{III}) \qquad\qquad N(\text{V})$$

一部のエネルギー（化学エネルギー）

$CO_2 \longrightarrow$ 体　有機物

C-源　無機物

脱窒過程

$$C_6H_{12}O_6 + 12\,NO_3^- \rightleftharpoons 12\,NO_2^- + 6\,CO_2 + 6\,H_2O$$
$$C_6H_{12}O_6 + 8\,NO_2^- \rightleftharpoons 4\,N_2 + 2\,CO_2 + 4\,CO_3^{2-} + 6\,H_2O$$

図 2-12　硝化過程と脱窒過程

　硝化過程においては，亜硝酸細菌であるニトロソモナスがアンモニウムイオンを酸化して，亜硝酸をつくり出す．その後，硝化細菌のニトロバクターが，亜硝酸を酸化し硝酸に変える．これらの細菌は，この反応で発生するエネルギー (ATP) の一部を用いて，二酸化炭素から有機物をつくり出している．
　脱窒過程においては，脱窒菌の作用により，窒素還元酵素 (nitrogen reductase) を用いて，炭水化物などを酸化し，硝酸や亜硝酸を還元し，窒素ガスを生成する．そのため，脱窒作用を進めるには，有機物が必要である．なお脱窒作用は酸素の有無にかかわらず生じる．

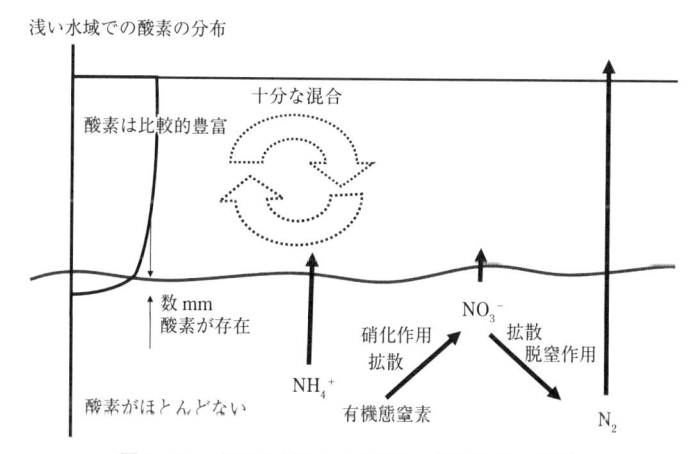

浅い水域での酸素の分布

十分な混合

酸素は比較的豊富

数 mm
酸素が存在

酸素がほとんどない

NH_4^+　硝化作用　拡散　NO_3^-　拡散　脱窒作用　有機態窒素　N_2

図 2-13　水底の土壌中での硝化・脱窒作用の機構

　水底の底質は貧酸素な状態にあるが，土壌表面には酸素の豊富な薄い層がある．土壌中のアンモニウムイオンが拡散によって酸化層に輸送されると，硝化作用により硝酸に変化し，その後，脱窒作用により窒素ガスに変化する．窒素ガスの溶解度は低いために，大気中に放出される．

そのため，リン酸は植物の生育にとっては不足しがちな元素である．これに対処するため，植物プランクトンの一部はアルカリフォスファターゼ酵素（phosphatase）によって有機物粒子に化合しているリン酸をはく離し，利用可能な形に変化させる．また，多くの植物プランクトンは水中にリン酸が豊富な間に細胞中に大量にリン酸を取り込み（luxury uptake），リン酸が欠乏する期間はそれを利用して細胞分裂を続けることができる．

植物に吸収されたリン酸は，食物連鎖によって，動物プランクトン，プランクトン食魚へと引き継がれる．

貧酸素状態にある水底の土壌中では，鉄の還元に伴ってリン酸は遊離している．しかし，土壌表面には酸素の豊富な層が薄く形成しているために，ここで溶出が抑えられ，水中に大量に溶出することはない．しかし，浚渫などでこの層が崩壊すると，土壌中に存在していたリン酸が水中に溶出する（図2-14）．

（4）その他の元素

硫黄：硫黄はタンパク質や酵素にとって重要な元素である．硫黄は，土壌中に豊富に存在するためにこれが欠乏することは少ない．水底の貧酸素化した土壌中では，硫黄は H_2S の形態を保っているが，表層の酸素の豊富な薄い層では酸化されて SO_4^{2-} の形で存在する．しかし，この層が破壊されると，H_2S のまま放出され，腐卵臭を発する．また，一部は，Fe^{2+} と反応して，非水溶性の硫化鉄 FeS をつくって沈殿する．

ケイ素：珪藻の体の約半分は二酸化ケイ素で構成されており，比較的多量が必要になる．ケイ素は地殻中には大量に含まれており，降雨や湧水，土壌の風化などで供給されるものの，生物には溶解性のケイ酸（H_2SiO_2）のみが利用される．

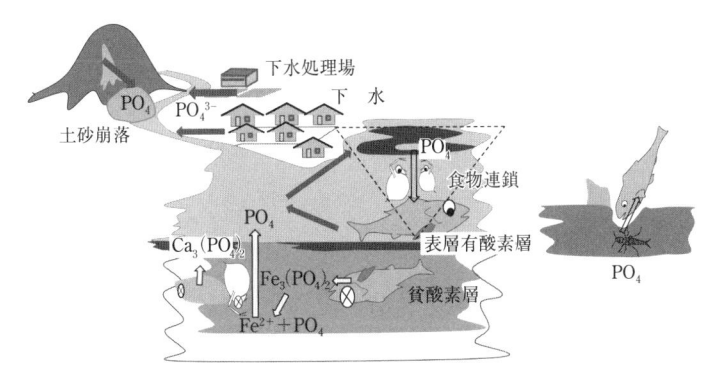

図 2–14　流域におけるリンの循環

　リン酸は土壌中には含まれ，土砂崩落などによって水域に供給される．また，人為的汚染も大きな供給源である．溶解性のリン酸は植物プランクトンに摂取され，食物連鎖によって，大型の生物に受け継がれる．これらの生物の死骸は，土壌中に堆積する．有機物中のリン酸の一部は，これを餌とする底生動物に取り込まれ，こうした底生動物が魚などに捕食されると，土壌中のリン酸が再び水中に回帰される．また，土壌中のリン酸は，酸素が豊富な場合，カルシウムや鉄などの粘土鉱物と化合し，貧酸素になると溶出する．

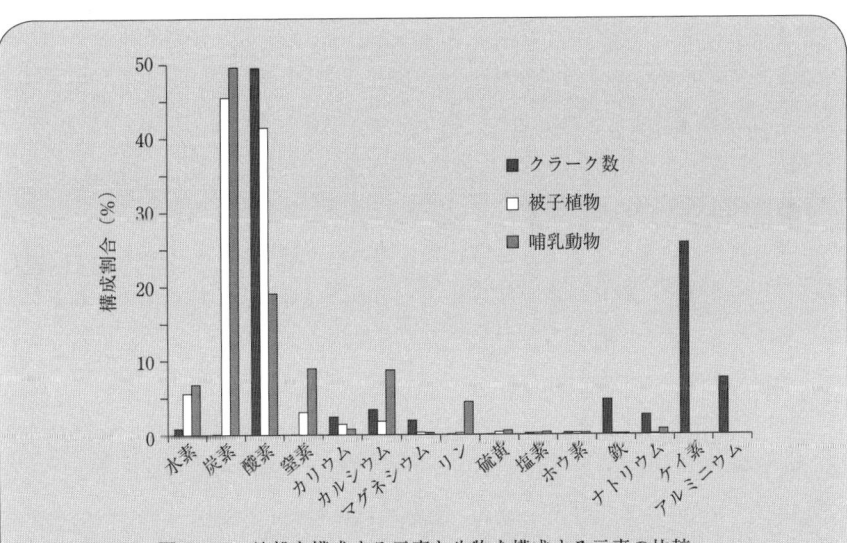

図 2–15　地殻を構成する元素と生物を構成する元素の比較

　地殻を構成する元素の構成割合をクラーク数（Clarke number）とよぶ．ここでは，最も大量に含まれるものが酸素であり，続いてケイ素，アルミニウムが続く．炭素は0.08％，窒素は0.03％である．一方，生物体を構成する元素の40％以上は炭素である．植物と動物を比較すると，植物体の大部分が炭水化物で構成されるのに対し，動物体はタンパク質を多く含むことから，特に窒素，カルシウム，リンにおいて動物の方の割合が高い．

2.5 植生による水質浄化

　水域に形成された植物群落は以下のような水質浄化に寄与する様々な機能を備えている（図 2-16）．

1) 植物群落内では，流速が低下し，乱流強度が弱まることから，浮遊物質が沈降しやすい．そのため，有機物やそれに含まれる栄養塩が沈降・堆積する．また，いったん堆積した土壌粒子が再浮上することも避けられる．河道内では植物群落は河岸近傍にできやすく，そこで流下浮遊物の沈降が進む．そこでは，浅くなったり，植物が存在することで流速がさらに低下，浮遊物の沈降が促進される（図 2-17）．

2) 酸素は植物の根の先端部の根毛にまで供給される．こうした酸素は根毛表面に浸み出し，酸素の豊富な薄い層を形成する．還元状態にある周囲の土壌中のアンモニウムイオンがこの層内に拡散すると，硝化細菌のはたらきで硝酸に酸化される．それが再び周囲の貧酸素な土壌中に拡散すると，今度は脱窒菌のはたらきで窒素ガスに還元され空気中に放出される．こうした硝化・脱窒作用は酸化された領域と還元された領域ができるだけ密接していた方が効果的である．根毛周辺は数 mm の範囲で酸化されており硝化・脱窒作用を促進する（2.4（2）参照）．

3) 多くの植物は，大部分の栄養塩は根で吸収して体内に蓄積し，枯死後は徐々に分解される．そのため，原理的には，吸収された栄養塩も無機化され再び周囲の水中に回帰される．しかし，分解には 1 年以上を要するものも多く（表 2-4），吸収した栄養塩の一部は年々堆積される土壌中の分解途上の枯死体中に蓄えられることになる．また，枯死した遺骸である有機物の大部分は土壌中に堆積するため，水中に回帰される量は少ない．

4) 植物群落内は動物プランクトンをはじめとする小動物が捕食者から逃れる住処（レフージ：refuge）となっている．したがって，湖岸の植物群落内では大量の動物プランクトンが発生し，夜間に開放水面に移動し植物プランクトンを摂食する．魚の量が少なければ，湖沼の面積の 1/3 程度が植物群落で覆われると，動物プランクトンの摂食効果が有効に機能するようになる．

5) シャジクモなど重炭酸イオンを光合成に利用する沈水植物は，カルシウム濃度の高い水中では表面に炭酸カルシウムの膜を形成する．リン酸や重金属イオンはこの膜に取り込まれやすく，いったん取り込まれると，植物体の枯

死・分解後も溶出することはなく，水底の土壌中に堆積されるため水中からは除去される．

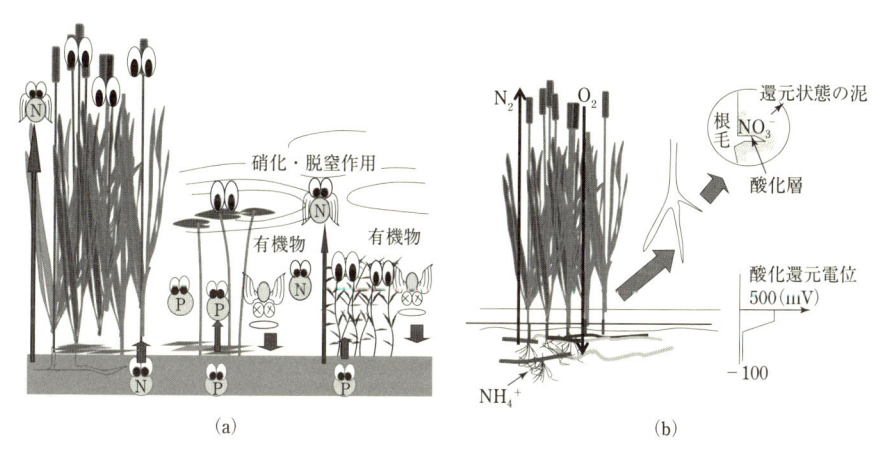

図 2-16 植物群落における浮遊物質の沈降，硝化・脱窒作用

植物群落内では，有機浮遊物が沈降，堆積が加速される．また，植物は根まで酸素を供給することから，根毛近傍に酸化層が形成され，周囲の貧酸素土壌との間で硝化・脱窒作用がさかんに行われ，窒素の除去に寄与する．

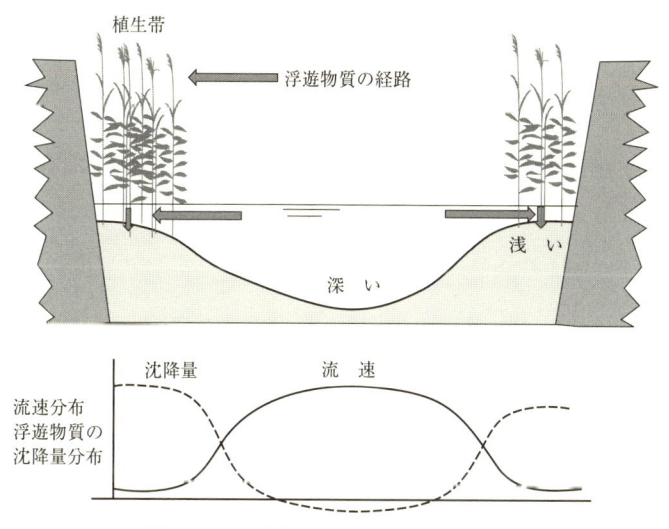

図 2-17 河道内の形状と浮遊土砂の挙動

河道内では，流速は中央の深い部分で速い．そのため，流下浮遊物のフラックスは中央部で多い．ところが，ここを運ばれてくる浮遊物は，河岸近傍に形成された流速の小さい植物群落内に拡散し，そこで沈降する．そのため，河岸近傍はさらに浅くなる．

表2-4 様々な形態をもつ植物の分解速度

植物の形態	植物の種類	分解係数(1/day)	50%分解に要する日数
抽水植物	ヨシ	0.0031	224
	ヒメガマ	0.0019	364
	ガマ	0.007	99
沈水植物	クロモ	0.02	35
	マツモ	0.0213	31
	ホザキノフサモ	0.0315	22
	リュウノヒゲモ	0.0097	71
	シャジクモ類	0.0084	83
浮遊植物	ホテイアオイ	0.006	115
	アカウキクサ	0.0109〜0.0351	20〜64
樹木	スギ（葉）	0.0013〜0.00065	533〜1066

いくつかの植物の分解速度を指数関数で近似したときの分解係数および50%分解に要する日数. 抽水植物が分解されるには1年以上を費やす. ところが, 毎年新しく葉茎が生育するために, 毎年少しずつ分解前の有機物が堆積していくことになる.

光の強度

化学反応や生物反応は, 光子の数に応じて生ずる. 光子は, 原子や分子と同様に扱われ, これがアボガドロ数個 (6.03×10^{23}個) 集まったものが1 molの光子である. 光の強度としては, 1 m^{2}あたり1秒間に通過する光子の数で表され, これを光量子束密度 (photon flux density, PFD) とよび, mol/(m$^2 \cdot$s) (通常, μmol/(m$^2 \cdot$s)) を用いて表す. 真夏の晴れた日の屋外で, おおむね, 2000 μmol/(m$^2 \cdot$s) 程度, 曇りの日で50 μmol/(m$^2 \cdot$s) 程度, 屋内の蛍光灯で10 μmol/(m$^2 \cdot$s) 程度である. なお, 光合成においては, 400 nmから700 nmの決まった波長領域の光しか利用されないため, この波長領域の光を光合成光量子束密度 (photosynthetic photon flux density, PPFD) とよんでいる.

光子1個もつエネルギーE (J) は,

$$E = hc/\lambda$$

で表されるため, 光の波長に反比例する. ここで, hはプランク定数 (6.626×10^{-34} Js), cは光速度 (3×10^8 m/s), λは光の波長 (m) である. そのため, エネルギー的には, 赤色光で低く, 青色光で高くなる. すなわち, 赤色光より高いエネルギーをもつ青色光を吸収した場合には, 余分のエネルギーは放出される.

一方, 1 m^{2}あたり1秒間に通過する光エネルギーは, 放射照度 (irradiance) とよばれ単位はW/m^{2}で表される. 光量子束密度との間には, 放射照度(W/m^2) = 光量子束密度(mol/(m$^2 \cdot$s)) ×アボガドロ数(1/m^2)×光子1個のエネルギー量(J) が成立する. 白熱灯の場合には, 放射照度の値を約5倍すれば, 光量子束密度に換算できる.

3 様々な生態系の特性と開発の影響

　人間社会の周辺には，自然のままの状態，人間の手が加えられた状態を問わず，様々な生態系が形づくられている．こうした生態系はそれぞれに特徴を備えており，全体を一括りに論じることは難しい．さて，文明の発達とともに，こうした生態系の多くは様々な影響を受け，その程度は，近年，加速度的に高まっている．工学の目的は，こうした生態系を可能な限り保全し，また，場合によっては再生することによって，調和のとれた，より持続的な発展を望むことである．しかし，それには生態系の基盤となる仕組みを理解し，それに即した形態を考えていく必要がある．

3.1　湖沼およびダム貯水池生態系と開発の影響

（1）深い湖沼およびダム貯水池の生態系の特徴
① 湖沼の水温分布と混合

　淡水湖沼においては，一般に，水温による密度差により成層が生じている．水の密度は4℃で最も大きくなることから，上層の水温が4℃よりも高くなると安定な密度成層が形成される．また，寒冷地域において，上層の水温が4℃よりも低くなる地域では，この層の水温が4℃よりも低くなると再び安定な密度成層が形成される．

　水面付近の水温は季節変化の影響を大きく受ける．受熱期である春季から夏季にかけて，水温は水面近傍から上昇する．表層ほど水温が高くなるために，水温が4℃よりも高い場合には，この付近で密度的に不安定になることはない．そのため，熱は徐々に下方に伝播していき，水面付近に大きな水温勾配が生ずる．このように，この時期には安定な成層が形成されるので，夏季停滞期（summer stagnation period）とよばれる．

　ところが，秋季に入って放熱期に入ると，表層から冷却され，周囲がほぼ同じ水温になる深さまで達する対流を生ずる．対流による循環混合は極めて大きく，対流の到達する深さまでは一様な水温分布となり，循環期（circulation period）に入る．このように，放熱期には対流が生ずるために，湖沼が加熱・冷却される過程での水温分布は相互に異なったものになる（図3-1参照）．

　それぞれの時期での水温分布は図3-1のようになる．水面近傍には，風などの撹乱や夜間の冷却によって一定温度の層が形成される．この層は表（水）層（epilimnion）とよばれ，大気との間の酸素や二酸化炭素の輸送もさかんに行われる層である．水面近傍で混合が促進される結果，表層の下端の水温勾配はより急になる．この層は，温度躍層（thermocline）や変水層（metalimnion）とよばれ，極めて安定で，表層で供給される酸素や二酸化炭素，下層に豊富な栄養塩などの上下層間の輸送を阻んでいる．温度躍層より下には，再び水温が比較的一様な層が形成される．この層は深（水）層（hypolimnion）とよばれ，水の動きもほとんどなく物質の輸送は分子拡散に近い速度で生じる．

　なお，水温による密度成層は，常に静止しているわけではない．風などの撹乱で，成層には水面と同じような波が発生し，成層構造全体が上下する．ただし，

水面の波と比較すると,波高ははるかに大きく周期も長い.こうした波は内部波(internal wave)とよばれる(図3-2参照).

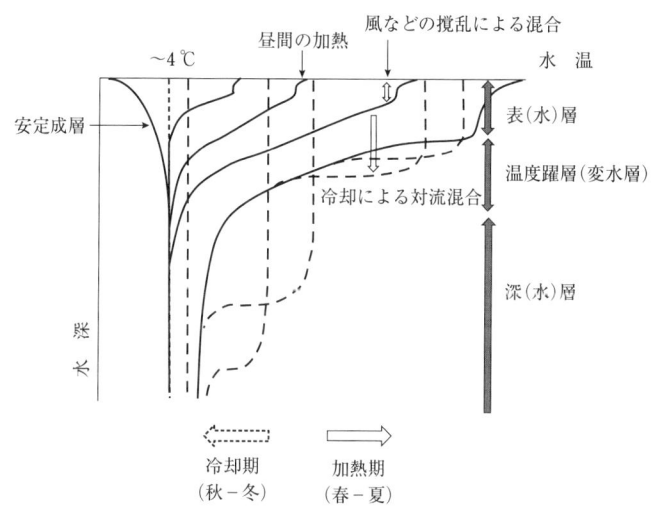

図 3-1　加熱期,冷却期における水温分布

　加熱期には暖められた水は安定に成層を形成し,冷却期には,冷却された層内で対流が生ずる.水の密度は4℃で最大となるため,表層水温が冬季において4℃以下にまで下がる場合には,全層に対流が生じ混合が生ずる.年間を通じて,対流層が湖底にまで達しない湖沼を部分循環湖,冷却が卓越して,対流層が湖底にまで達する湖沼を全循環湖とよぶ.

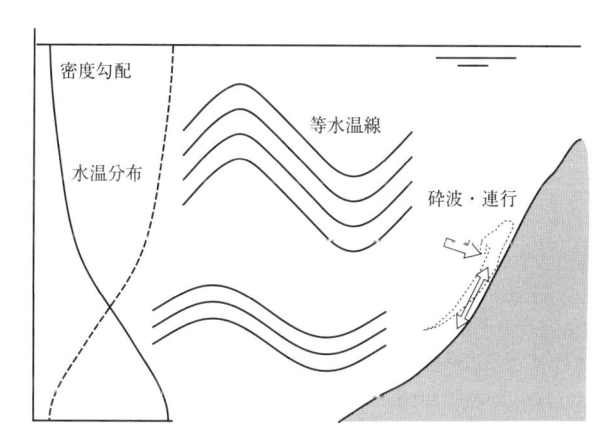

図 3-2　内部波

　内部波は密度勾配が穏やかなほど波高が高くなり,周期が長くなる.そのため,一つの成層の中でも局所的な密度勾配の分布によって異なった波が形成される.また,成層の上下方向の混合には内部波自体の寄与は少なく,側岸をさかのぼった内部波が砕波した際に生ずる.

② 循環の形態

多くの湖沼では，図3-1に示されるように，季節変化があるために混合水深の深さは季節によって異なる．しかし，比較的低緯度に位置し，深く大きい湖では水量が大きく，全体が混合されるほどには冷却されにくい．また，低緯度に位置する湖沼においては，水温変化が常に4℃以上で推移するために，混合水深が湖底にまで達しない．こうした湖では，湖全体が循環し混合されることはない．こうした湖を部分循環湖（meromictic lake）とよぶ．

一方，水面から冷却され，循環が湖底にまで達する湖沼を全循環湖（holomictic lake）とよぶ．ただし，全層が循環する湖沼においても，表層が4℃より常に高い湖沼では，いったん全層が循環すると再び表層の水温が上昇して成層が形成するまで循環し続ける．例えば，琵琶湖は1～3月に全層にわたる循環を生じる．

しかし，表層の水温が4℃より低くなる湖沼では，表層の水温が4℃より低くなると密度勾配は再び安定になるので循環は停止し，表層が温められて再び4℃になったときに再度循環を生ずる．世界最深のバイカル湖においては，深層の水温は年間を通じて3.2～3.4℃で，表層の水温はより低くまで低下するために，年に2回，6月と11月に全層にわたって循環するといわれている．また，倶多楽湖など北海道の湖には同様なものが多い．前者を一循環湖（monomictic lake），後者を二循環湖（dimictic lake）とよんでいる．

浅い湖沼では，風などの攪乱によって季節にかかわらず頻繁に混合する．こうした湖は多循環湖（polymictic lake）とよばれる．

水温の鉛直分布は湖沼内ではほぼ一様であるため，湖沼の水温分布を代表する点での水温分布の変化図（図3-3参照）が用いられることが多い．

一般に，循環が生じない層では，大気から酸素が供給されないために貧酸素化しやすく，部分循環湖では低層で貧酸素化が生じやすい．

また，栄養塩は深層に豊富に存在し，循環によって有光層にまで運ばれることで生産に利用される．循環の頻度は極めて重要な要素である．

湖沼や貯水池内に形成される成層は水温に起因するものばかりではない．乾燥地域のように，塩分が湖底から溶出したり，流域から流入する場合，塩分密度差による成層が形成される．塩分成層は水温成層よりもはるかに強固で，密度の分布はおおむね塩分濃度の分布で決まる．また，濁質やミネラル分などによっても弱い成層が形成される．密度成層は，これらを合わせて得られる密度の分布による．

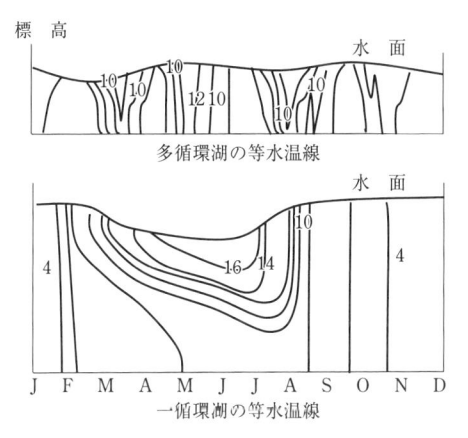

3.1 湖沼およびダム貯水池生態系と開発の影響　75

図 3-3　湖沼の等水温分布線

浅い湖沼の場合には風などの撹乱によって頻繁に混合される．風の弱い期間が続くと日射によって表層が温められると安定な水温成層が形成されるが，風による撹乱があると容易に混合されて全層で一様な水温分布になる．このように頻繁に全層が混合される湖沼を多循環湖とよぶ．一方，深い湖の場合には，春から夏にかけて表層から温められて，安定な水温成層が発達するが，秋に入ると，水面から冷やされて対流が生じ，一様な水温分布をもつ層が形成される．この層の厚さは徐々に深くなり，全循環湖では冬の間に湖底にまで達し，全層が循環するようになる．部分循環湖では，この対流が湖底に達する以前に再び春になって，表層から温められ始めるために，全層が一様な水温分布になることはない．加熱，冷却の過程はこのように異なるために，等水温線は，加熱される場合には水面から斜めに伸びる線で表され，冷却される場合には水面から鉛直に伸びる．

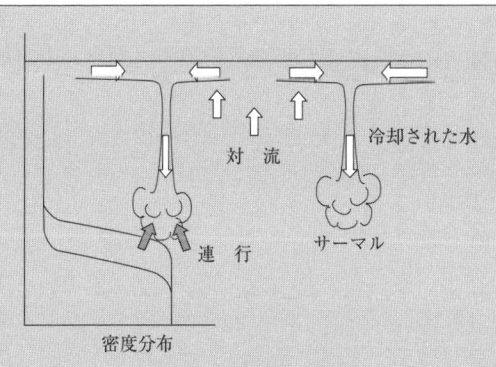

図 3-4　冷却時の流動

湖沼が冷却される際には，まず，水面近傍に冷却された密度の高い低温の層が形成し，この層が不安定になってプルーム状の下降流となる．この下降流はサーマル（thermal）とよばれる．サーマルとサーマルの間には移動する水を補うために弱い上昇流が形成され，サーマルの下降流と合わせて対流を形づくる．サーマルは周囲の水がほぼ同温度になる深さになるまで下降し，そこで水平に広がるが，その際に周辺の低温の水をまき込む．この現象を連行（entrainment）とよんでいる．

③ 河川水の流入

　湖沼の溶存酸素濃度は水深方向に分布をもつのに対し，流入する河川水の溶存酸素濃度は湖沼のものと比較して高い．また，湖沼が小規模であったり，流入河川が富栄養な場合には，湖沼の栄養塩濃度は河川からの流入負荷に依存する場合が多い．そのため，河川水が湖沼に流入する深さは，湖沼の溶存酸素濃度や一次生産に大きく影響する．

　河川水が湖沼に流入する場合，湖沼水と河川水との混合は主に流入時に生じ，以後の混合は少ない．また，淡水湖の場合には，水の密度はほぼ水温によって定まることから，流入した河川水は，流入時の混合後の水温が，湖沼の水温分布の中で等しくなる深さの層に流入する．ところが，乾燥地帯や海に連なる湖沼では，河川水が塩分を含む場合も多い．塩分による密度上昇分は水温による密度差よりも大きいために，多くの場合，流入した河川水は湖底に入り込んで，湖底に安定な塩分成層を形成する．

　湖沼の表層の水温分布と流入河川の水温を比較すると，湖沼は長期間湛水しているために，外気温や日射の影響を大きく受けているのに対し，特に湖沼が河川の上流域に存在する場合には，流入河川水は湧水時の水温の影響をとどめている場合が多い．そのため，冬季においては，湖沼の表層水が冷却されて低くなっていることから，流入河川水の方が高い場合が多い．この場合，湖沼に流入した水は湖面付近を広がる．しかし，春から夏にかけて，湖沼の表層の水温が上昇するに従い，表層の水温は流入河川の水温よりも高くなる．そのため，流入した河川水は同じ温度の層まで沈み込み，その深さで広がる（図3-5参照）．
浅い湖沼では，日射によって湖水全体の水温が上昇している場合が多く，流入水が湖底に沿って広がる場合もある．

　湖内では，風，河川の流出入，熱，重力，気圧，コリオリ力などによって生じる力によって，湖盆形状，湖面積，水深，など，流動を制御する因子に従って様々な流動が生じる．琵琶湖のように大きな湖では，コリオリ力，圧力勾配，遠心力のつり合いによって，還流が形成される．風が吹くと，吹送流や風向きの方角に弱いらせん流（エックマン流）が生ずる．また，水面や温度躍層には，通常の波浪の他に，セイシュや内部セイシュが生ずる（図3-6）．さらに，風の吹きよせにより，風下側の水面はわずかに上昇し，逆に，温度躍層の位置は深くなる（図3-7）．

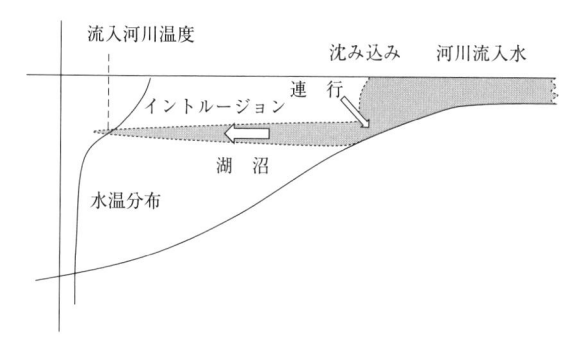

3.1 湖沼およびダム貯水池生態系と開発の影響　77

図 3-5　湖沼内水温分布と河川流入水の関係

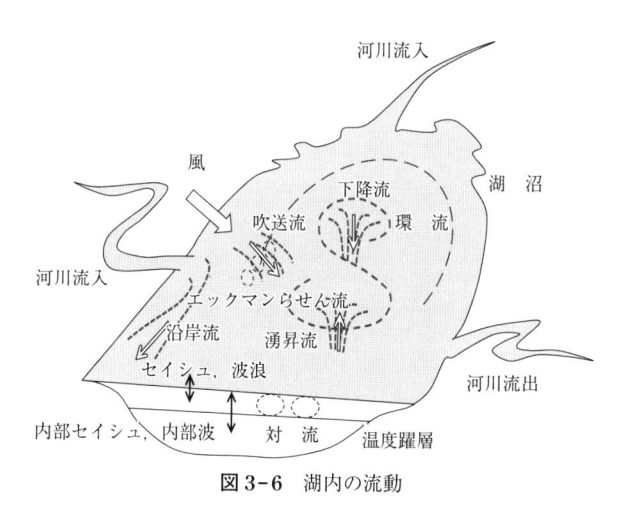

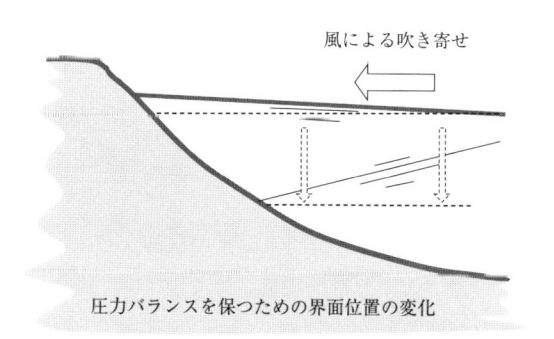

図 3-6　湖内の流動

図 3-7　風による吹き寄せと温度躍層

　湖面に風が吹くと，水面は風のせん断力によって，風下側に吹き寄せられる．一方で，温度躍層の位置は，圧力のバランスを保つために，風下側が低下する．

④ 湖沼内の領域区分

　湖沼において，水中に浮遊する様々な物質は光の透過を妨げる．そのため，光強度は水深方向にほぼ指数関数的に減衰する．湖沼内では，光がある程度到達する層では光合成による一次生産によって酸素が供給されるものの，それより深い水深では，有機物の分解に伴う酸素の消費の方が卓越し貧酸素の状態になる．この光が到達して一次生産が行われる層を生産層（有光層：euphotic layer），それ以深を非生産層（無光層：aphotic layer）として分けている．

　湖底まで有光層内に入っている場合には，湖底に根をはる植物の生育が可能である．そのため，こうした水域における一次生産は根をもつ植物に大きく依存している．この水域を沿岸帯（littoral zone）とよぶ．一方，光が湖底まで到達しない場所では湖底に植物が生えることはなく，一次生産は浮遊する植物か植物プランクトンに依存する．このような場所は沖帯（pelagic zone）とよばれる．一次生産の主体が何であるかは，湖沼の生産性を考えるうえで重要であり，湖全体が沿岸帯にある場合には浅い湖沼，そうでない場合には，深い湖沼に区分される．

⑤ 自然湖沼の類型

　自然湖沼は，生産の形態に従って，以下のような湖沼型に分類される．

　調和型湖沼（harmonic type lake）：生息する生物にとって必要な物質が適度に存在しており，生産と消費のバランスがとれている湖沼で栄養塩濃度によって定まる生産力に応じて，富栄養湖（eutrophic lake），中栄養湖（mesotrophic lake），貧栄養湖（oligotrophic lake）などに分けられる（表3-1参照）．

　非調和型湖沼（disharmonic type lake）：生息する生物にとって不要な物質が存在しているため，条件が悪く生物があまり生息していないために，生産と消費がバランスしていない湖のことである．これには，以下のような湖沼型がある．

　　腐植栄養湖（dystrophic lake）：腐植起源の有機物が大量に存在し，フミン酸などによって黄褐色から褐色を呈している．高緯度地帯や高山などの寒冷地，泥炭地に多い．

　　酸栄養湖（acidotrophic lake）：pH 5.0以下の硫酸などに起因する無機質の酸による酸性水の湖．火山地帯や硫黄泉付近に多い．酸栄養湖のうち鉄分の多いものを鉄栄養湖とよぶ．

　　アルカリ栄養湖（alkali lake）：カルシウムやナトリウムイオンを大量に含み，pH 9.0以上の湖をアルカリ栄養湖とよぶ．

表 3-1　調和型湖沼の類型

	全リン濃度 (μg/L)	クロロフィル a 濃度 (μg/L)	透明度	例
過栄養湖 hypertrophic lake	100 以上	平均 25 以上 最高値 75 以上	平均 1.5 m 以下 最低値 0.7 m 以下	印旛沼 霞ヶ浦
富栄養湖 eutrophic lake	35～100	平均 8～25 最高値 25～75	平均 1.5～3.0 m 最低値 0.7～1.5 m	サロマ湖 諏訪湖
中栄養湖 mesotrophic lake	10～35	平均 2.5～8.0 最高値 8～25	平均 3～6 m 最低値 1.3～3.0 m	琵琶湖 浜名湖
貧栄養湖 oligotrophic lake	10 以下	平均 2.5 以下 最高値 8.0 以下	平均 6 m 以上 最低値 3 m 以上	十和田湖 野尻湖
極貧栄養湖 extreme oligotrophic lake	4.0 以下	平均 1.0 以下 最高値 2.5 以下	平均 12 m 以上 最低値 6 m 以上	摩周湖 俱多楽湖

OECD 基準.

水 の 硬 度

　水の硬度には，各種塩の総濃度にあたる総硬度，煮沸すると沈殿する炭酸塩による一時硬度，煮沸しても取り除けない硫酸塩と塩化物の濃度の和である永久硬度，カルシウム塩の濃度であるカルシウム硬度，マグネシウム塩の濃度であるマグネシウム硬度がある．また，カルシウム塩とマグネシウム塩の総硬度を，炭酸カルシウムに換算して示すアメリカ硬度，酸化カルシウムで示すドイツ硬度などがある．アメリカ硬度では，
　　硬度(mg/L)＝カルシウム濃度(mg/L)×2.5＋マグネシウム濃度(mg/L)×4.1
で表される．
　水は硬度によって，硬水，軟水などとよばれる．アメリカ硬度で 0～60 未満は軟水とよばれ，60～120 未満を中程度の軟水，120～180 未満を硬水，180 以上は非常な硬水である．ヨーロッパは石灰岩の地質が多く，ほとんどが硬水であり，日本ではほぼ軟水である．軟水は赤ちゃんのミルクやお茶やだし汁に適し，硬水はミネラルウォーターの原料としては適するものの，アルカリ性の石けんは成分が結合・凝結するためすすぎに時間がかかる．

⑥ 深い湖沼内の水温躍層と溶存酸素の分布

　水温分布や温度躍層の深さは加熱・冷却の強度や撹乱の程度で定まる．一方，光強度の分布や有光層の厚さは，植物プランクトン濃度に依存するため，一般に富栄養化の程度によって定まる．そのため，温度躍層の深さと有光層の厚さは独立に定まる（2.2参照）．その結果，湖の栄養状態によって溶存酸素濃度が異なる（図3-8）．

　貧栄養湖においては，光は湖底にまで到達し，湖底付近でも一次生産が行われ酸素が供給される．したがって，溶存酸素は深層においても高い値を示し，特に，透明度が極めて高い場合には，深層の方が低温なために飽和溶存酸素濃度が高く，溶存酸素濃度は深部でむしろ高くなる．

　富栄養湖では，植物プランクトン濃度が高く光は表層にしか到達しない．しかも，栄養塩濃度が高いことから有光層内での光合成が活発に行われ，溶存酸素濃度は過飽和になる．一方，深層では光が届かないために光合成が行われず貧酸素な状態になる．

　通常の湖沼の溶存酸素の分布は，栄養塩濃度によって，大きくはこの二つの分布の間に存在することになるが，実際の湖沼においては，さらに複雑な要素がからんでいる．

　渓流を流下してきた河川水は一般に十分な溶存酸素を含んでいる．こうした河川水が湖に流入すると，夏季には温度躍層付近に沈み込み，その深さで湖内に広がる．そのため，温度躍層の近傍に高い溶存酸素濃度の層が形成される．また，表層の植物プランクトンの死骸やその他の有機物粒子が沈降する際に，温度躍層の位置にまで沈降すると周囲の水温が低くなって，水の密度が増加するので，この深さに集積し分解される．その際に酸素を消費するために，温度躍層付近に酸素濃度の低い層が形成されることもある．

　このような湖の栄養状態の影響は，溶存酸素濃度の日変化にも現れる（図3-9）．富栄養湖では貧栄養湖と比較して光合成量も呼吸量も多いために，表層における溶存酸素濃度の日変化が大きくなる．

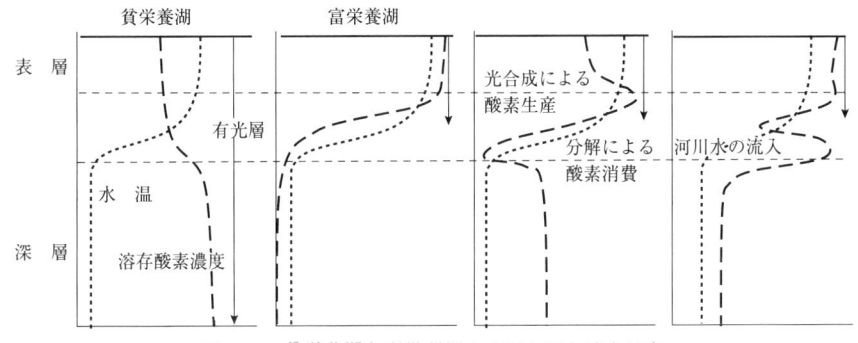

3.1 湖沼およびダム貯水池生態系と開発の影響

図 3-8 貧栄養湖と富栄養湖の水温と溶存酸素分布

貧栄養な湖沼では，深層まで日射が届き光合成が行われるため，深層でも酸素が豊富になる．特に，溶存酸素濃度が飽和状態にあると，深層の水温の方が低いために飽和酸素濃度は表層よりも高くなる．富栄養な湖沼では，表層に大量の植物プランクトンが発生するために，光が深層まで届かず，深層は貧酸素状態になる．一方，表層においては，活発に光合成が行われるために，溶存酸素濃度は過飽和な状態にもなる．ところが，時折，溶存酸素分布は，複雑な形状になることもある．日射が強い場合には，光合成のピークは水面よりも少し深い場所になり，その場合，その深さで溶存酸素濃度がピークになる．また，植物プランクトンの遺骸が沈降する場合，比重が水とあまり変わらないために，密度が急激に高くなる温度躍層に蓄積される．遺骸がここで分解され酸素が消費されると，この層の溶存酸素濃度が低くなる．一方，河川水は通常酸素を豊富に含むために，河川水が流入する深さでは，溶存酸素濃度が高くなる．

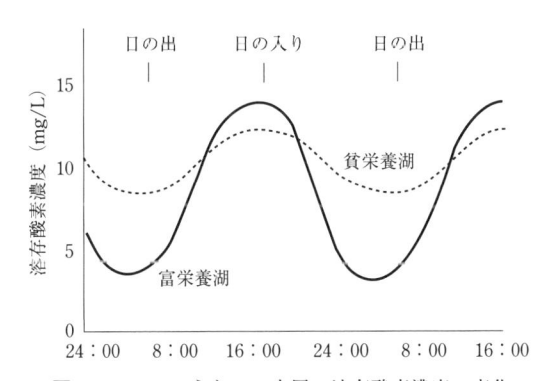

図 3-9 1日のうちでの表層の溶存酸素濃度の変化

表層により多くの植物プランクトンが発生し光合成を行うために，日中には富栄養湖の方が，貧栄養湖よりも酸素濃度が高くなる．しかし，夜間には，植物プランクトンやその他のプランクトンやバクテリアの呼吸によりより多くの酸素が消費されるので，溶存酸素濃度はより低くなる．

⑦ 深い湖沼における表層の状態の年間の変動

　深い自然湖沼においては，冬季には対流が生じ，深層の栄養塩が表層に運ばれるが，春になって水温成層の形成とともに表層は隔離される．そのため，初期は豊富な表層の栄養塩を利用して，珪藻類をはじめとする植物プランクトンが増殖する．しかし，その後，表層の栄養塩の枯渇，水温上昇に伴う動物プランクトンによる捕食の増加で，夏季には，高温に強いシアノバクテリアの増加はあるものの，植物プランクトン量は減少する．しかし，秋になって循環が生ずると，深層の栄養塩が再び浮上し，植物プランクトン量が増加する．このように，本来，植物プランクトン量のピークは春と秋に現れる．しかし，流域からの栄養塩負荷が高いと，夏季においても表層の栄養塩が豊富で，シアノバクテリアの異常発生を生じアオコとなる．しかし，アオコの発生が長期間続くと，原生動物の増加やウイルスの感染によってアオコが急激に消滅したり，他種への遷移が起こる（図3-10）．

　発生するシアノバクテリアの種類や密度は，水中のリン濃度に大きく依存する．わが国の貯水池では，一般に，TP 〜10 µg/L ではシアノバクテリアの発生は少なく，10＜TP＜25 µg/L 程度ではアナベナが，TP＞25 µg/L 程度ではミクロキスティスが優占する．

植物プランクトンの増殖と光強度，水温の関係

　植物プランクトンの光合成量は，おおむね，光の強度が強いほど，水温が高いほど高くなる．しかし，光強度については，水温に応じて数10〜400 µmol/(m²·s) の強度で飽和に達し，それ以上光強度が増加しても光合成量は増加しない．しかし，同時に細胞自体が光強度に順応し，長時間強い光にあたっていた細胞はクロロフィルaの量が減少して光合成量が減り，逆に，弱い光のもとにいた細胞は濃度が増加して効率的に光合成が行われる．また，光強度が生理的限界を超えると，酵素が破壊されるなど，強光阻害を起こして増殖量が減少する．また，紫外線の影響も大きい．紫外線は，光合成の過程の中で，光化学系 II に影響を及ぼし，色素を破壊したりDNAも破損させる．光合成がさかんになる最低水温は，他の種が通常15℃程度に対し，珪藻では5℃程度と低く，冬季は珪藻が優占する．一方，高温に対しては，シアノバクテリアの耐性が高く，夏季にはシアノバクテリアが優占する．

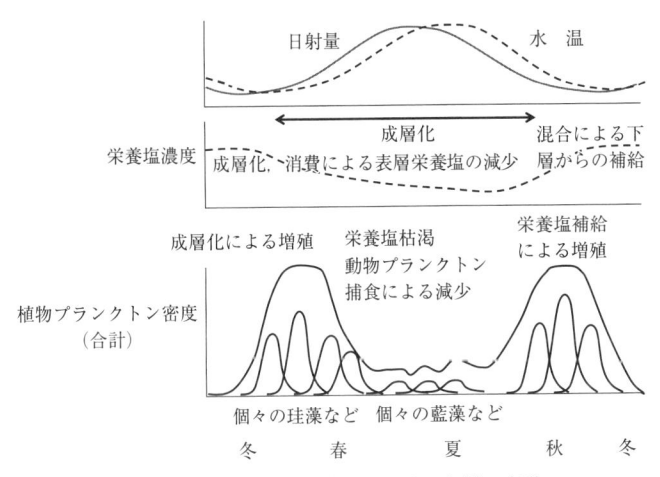

図 3-10　自然湖沼の表層における年間の変動

　夏季には水温成層が形成されるために下層の栄養塩が上層に供給されなくなる．そのため，植物プランクトンによる栄養塩の消費が進むと，表層の栄養塩は枯渇し，一次生産は減少，日射量が多いにもかかわらず，植物プランクトン量は少なくなる．そのため，年間を通して植物プランクトン量が高くなるのは，冬季に供給された栄養塩が表層に残存している春と冷却されて対流が生じ下層の栄養塩が浮上する秋である．しかし，流域の開発が進み大量の栄養塩が流入するようになると，夏季にも栄養塩が豊富に存在することになる．また，他の藻類よりも高い水温を好む藍藻類が大量に増殖しアオコの発生を生ずる．

植物プランクトンの上下運動

　植物プランクトンの比重は，気泡をもたないシアノバクテリアで1.02～1.09程度，他のプランクトンで1.01～1.03程度である．細胞の沈降速度は，概略は，ストークスの式で見積もられる程度であるが，形状によって変化し，体積に対し表面積の割合が大きくなるほど遅くなり，特に，棒状のものはゆっくり沈降する．また，細胞表面に生成される粘液層は，ある厚さになるまでは沈降速度を低下させる．さらに，多くのシアノバクテリアの細胞内にはガス泡（gas vacuoles）が形成している．日射が弱くなり，成長速度が遅くなると，細胞内でガス泡の占める割合が増加，軽くなって上昇する．逆に，個々の細胞の成長や細胞分裂がさかんなときは，細胞内でガス泡の割合が減少し，また，光合成生産物の増加でガス泡が破壊されるため細胞は沈降する．そのため，植物プランクトンの沈降速度は，0.2～0.8 m/日程度と大きな幅をもっている．なお，シアノバクテリアは，上下運動をすることで，光が律速している時期や，栄養塩が下層では豊富なものの表層で枯渇する夏季には，他の種に比較して有利になる．

⑧ 深い湖沼の生物間の関係

湖沼における食物網は通常極めて複雑である．

図 3-11 は深い湖沼の生物間の関係である．深い湖では，一次生産の多くは植物プランクトンによって行われる．植物プランクトン（phytoplankton）は様々な濾過摂食者(filter feeder)の餌となる．その場合，濾過摂食者自身の大きさによって餌とする植物プランクトンの大きさは異なる．ワムシ（rotifer）などの小型の動物プランクトンは，細かい 2 µm 以下のピコプランクトン（picoplankton）を餌とする．ミジンコ類（*Daphnia*）は，ナノプランクトン（nanoplankton）とよばれる，2〜30 µm のプランクトンを主な餌とする．30 µm 以上の大型の珪藻類（diatom）や多くの個体が集積した群体はマイクロプランクトン（microplankton）とよばれ，大きすぎるために，ミジンコ類の餌にもなりにくい．従属栄養の細菌類は他の生物の遺骸や排泄物で繁殖し，原生動物（protozoa）や動物プランクトンの餌となる．ここでの有機物の移動経路は，このように，微生物ループ（microbial loop）とよばれるループを形成している（図 3-12）．この微生物ループの中でも，生食連鎖で生じているものと同様な食物連鎖が生じている．しかし，その出発点は溶解性の有機物である（1.5（5）参照）．

ミジンコ類は微生物ループの生物群集に大きな影響を及ぼす．ミジンコ類が多いと，ミジンコ類の餌になる植物プランクトンや原生動物群集，大型の細菌類が減少し，小型の細菌類が増加する．逆に，ミジンコ類が少ないと，ワムシなどの小型の動物プランクトン類は増加するものの，餌として消費する量は少ないために，餌になっている植物プランクトンや原生動物の増加がみられる．しかし，原生動物が増加し，細菌類に対する捕食圧が増加すると，今度は，それに抗するために細菌類の群体化が生ずる．このように，ここではミジンコ類はキーストーン種になっている（1.5（6）参照）．

それぞれの生物群の食性も多くは年齢とともに変化し，それによって食物連鎖の中での位置づけも異なる．ミジンコ類も植物プランクトンを餌とするときには一次消費者であるが，原生動物を餌とするときには二次消費者となる．また，肉食のケンミジンコ類（copepod）も幼生期には草食性で一次消費者である．また，ほとんどの魚は幼魚のときにはプランクトン食性であり，成魚になった後は，多くは雑食性で，また，餌環境によって食性も変化する．このように，エネルギーの流れは，それを食物網として表したとしても，それを一義的に表すことは難しい．

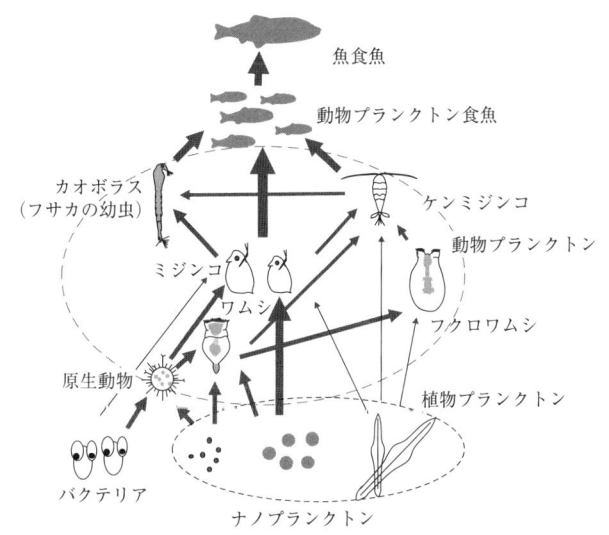

図3-11 深い湖沼における生物相互の関係

　植物プランクトンは微小な動物の餌となるが，大きさによって，それを餌とする動物は異なる．小型の植物プランクトンは主にワムシの餌となり，中型の植物プランクトンはミジンコ類の餌となる．大型のものはミジンコ類の餌にもなりにくい．肉食のフクロワムシは小型のワムシ類を餌とする．肉食の動物プランクトンであるカオボラスやケンミジンコは，ミジンコ類も捕食する．また，動物プランクトン食魚はこうした動物プランクトン類を餌とする．

　ところが，動物プランクトン食魚も大型の肉食魚に捕食される．ただし，魚食魚も幼魚のときは，多くは動物プランクトンを餌にするなど，年齢によって食性が変化していく．

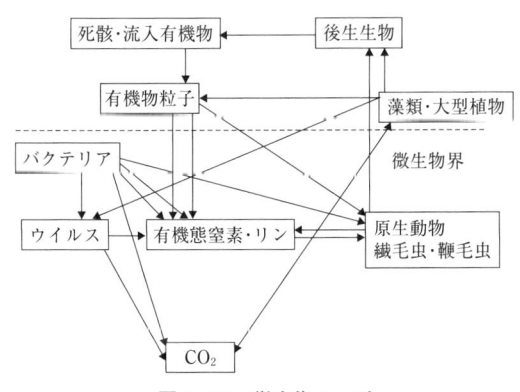

図3-12 微生物ループ

　腐食連鎖の中では，通常の食物連鎖を構成する生物の死骸を微生物が分解する過程が出発点になる物質の流れのループが構成されている．これを微生物ループ（microbial loop）とよんでいる．

⑨ 湖岸の移行帯

波浪などの撹乱の少ない場所では，湖岸の植物種の群落の構造は水深に依存する．湖岸には陸域から水域に向けて，陸生の植物（terrestrial plant），抽水植物（emergent plant），浮葉植物（floating leaved plant），沈水植物（submerged plant）の順で群落が形成される（図3-13）．特に，貧栄養な湖沼においては，最も深い場所にシャジクモ帯（Charophyte zone）が形成される．また，水深に関係なく浮遊植物群落（floating plant）が形成されることもある．このように植物群落が重なり合う形で徐々に変化しながら，連続的に形成している場所は湖岸の移行帯（エコトーン：ecotone）とよばれる．

湖岸の移行帯は，水域と陸域の接点に形成されており，湖沼の生態系を維持するうえで大きな役割を果たしている．

移行帯の発達した湖岸では，岸近くの沿岸帯と沖帯とで物質循環の構造が大きく異なっている．沖帯においては，一次生産の主体は植物プランクトンであり，一次生産量は限られる．一方，沿岸帯では大型の水生植物が主たる生産者となるため，有機物生産量が多く，消費される栄養塩量も多い．そのため，植物を介した栄養塩の循環が活発で，循環量も大きいことから，流域から栄養塩の流入負荷が増大しても，大型植物の生育に利用され，植物プランクトンの増殖に利用される量は少なくなる．

沿岸帯の大型植物群落は，大型の動物プランクトンや稚魚などが捕食者から逃れる隠れ家として利用される（図3-14）．これらの中には，夜間には沖帯で摂餌し，昼間は沿岸帯の大型植物群落内にとどまる日移動をするものもいる．この他にも，多くの魚類の産卵場として，さらには，生産性が高いことから，様々な捕食者の餌場としても利用される．また，陸上の動物も湖岸を水場として利用する（1.6（8）参照）．

沿岸の抽水植物や浮葉植物の群落内では，日射が遮られ貧酸素化しやすく，水温も上昇しにくいことから冷水塊が形成される．こうした貧酸素化した冷水塊が湖底の斜面に沿って沖帯に流れ下ることもある．

このように，湖岸の移行帯は湖内において複雑な環境がつくり出されており，その役割は極めて大きい．

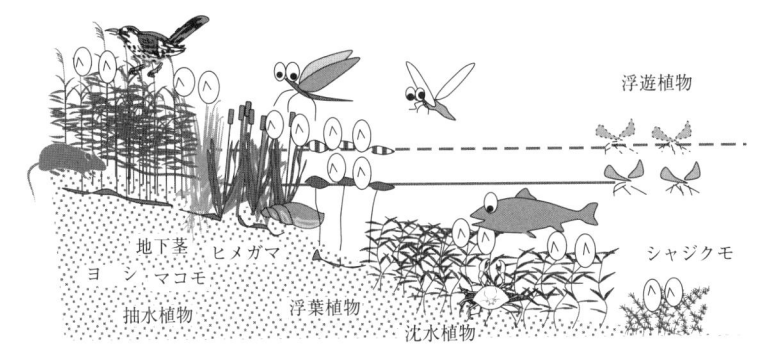

図3-13 湖岸のエコトーン

湖岸の植物のニッチは水深に依存する．湖岸には陸域から水域に向けて，陸生の植物，抽水植物，浮葉植物，沈水植物の順で群落が形成される．水の透明度の高い湖沼では，最も深い場所にシャジクモ帯が形成される．

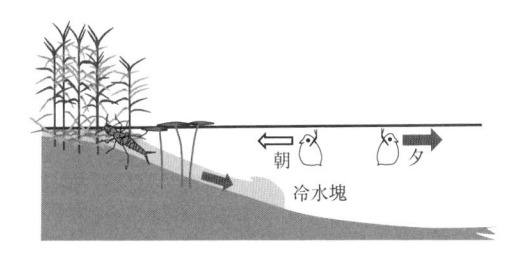

図3-14 湖岸の植生帯

湖岸帯が植生で覆われると，日射が遮られ，水温が上昇しにくく冷水塊が形成される．こうした冷水塊は湖央に向かって流下する．また，動物プランクトンなどは，昼間は湖岸の植物体を隠れ家として利用し，夜間に湖央に出て摂餌する．

湖沼の栄養塩レベルの変化による植物相の遷移

湖沼の形状は沿岸帯が広い場合や沖帯の割合が大きい場合など様々であるが，生産性の高い沿岸帯に着目した場合，栄養塩レベルに伴って，植物相は以下のように変化する．

まず，貧栄養な状態においては，光強度は十分なものの栄養塩濃度が制限因子となり，大型植物，植物プランクトン量とも少ない．富栄養化の進行とともに，植物プランクトン，次に，沈水植物やそれに付着する着生藻類が急激に増加していく．特に，比較的透明度の高い間は，大型藻類であるシャジクモ類などの増加は著しい．しかし，さらに富栄養化が進むと，シャジクモ類は姿を消し，植物プランクトン量の増加とともに，水中の光量が減少，大型植物や付着藻類の生育域が浅い所に限られていく．さらに富栄養化が進行すると，植物プランクトン密度が上昇，着生藻類が増加する．そのため，植物体に届く光量も沈水植物の生育に可能な光限界を下回り，光量が制限因子となり，まず，沈水植物が，続いて付着藻類の成長が抑制される．これは同時に，底質表面での微生物によるはたらきも抑え，底質と水との間の栄養塩循環にも影響を与える．

さらに富栄養化が進行し，過栄養な状態になると，底質の嫌気化が急速に進行，分解速度の低下に伴って大量の有機物が堆積，さらには土壌中に硫化水素などの物質も生成されるようになる．しかし，浅い場所では，通気能力の高い抽水植物群落が形成される．一般に抽水植物群落の生産性は高く，また分解に時間がかかること，無機の浮遊物質の捕捉能力も優れていることから，徐々に有機物に富んだ土壌が堆積，湖沼は浅くなっていく．

（2）浅い湖沼の生物群集を介した有機物循環の構造

光が湖底まで届く領域（沿岸帯）で占められる湖沼が浅い湖沼である．

浅い湖沼における有機物源は，人工的な汚濁源を除けば，湖沼内における，大型で主に維管束植物で構成される水生植物（マクロファイト：macrophytes），藻類（algae）および流域から流入する陸上植物起源の枯死体（リター：litter）などである．藻類は生活形態によって，植物プランクトン（phytoplankton），付着藻類（periphyton）などに分類される．付着藻類は，形態のうえから，植物体に生育する植物着生藻類（エピフィトン：epiphyton），底泥の表面に生育する堆積物表生藻類（エピペロン：epipelon），岩の上に生える岩表生藻類（エピリソン：epilithon）などに分類される．これらは，水中の栄養塩を吸収して生育，枯死後は分解され，栄養塩は周囲に回帰される．また，一部は，草食動物の餌になることで食物連鎖に伴う有機物や栄養塩循環の一過程を担う（図3-15）．

リターを含む有機物は，水中において微生物に分解されると同時に，様々な底生動物（ベントス：benthos）の餌となる．落葉など大型のものは，破砕食者（シュレッダー：shredder）とよばれる動物群集によって細かくかみ砕かれ細粒化される．細粒子は，網によって捕捉したり，濾過によって取り込む動物群集である採取食者（コレクター：collector）に利用される．また，濾過でも採取できない細かいものもある．このような動物の摂食形態に合わせ，有機物粒子が1 mm以上のものをCPOM（粗粒有機物：Coarse Particulate Organic Matter），0.45 μmから1 mmまでのものをFPOM（細粒有機物：Fine Particulate Organic Matter），0.45 μm以下のものをDOM（溶存態有機物：Dissolved Organic Matter）と分けて取り扱う場合もある．

底生生物が死亡すると，その死骸（デトリタス：detritus）は分解者によって分解され，腐食連鎖のループに取り込まれる．（1.5（5）参照）．

浅い湖沼においては，水生植物が生産の主体であるが，炭素や栄養塩の循環の形態は水生植物の形態に依存する（図3-16）．

抽水植物，浮葉植物，浮遊植物は空気中の二酸化炭素を吸収して光合成を行う．枯死後は水中もしくは土壌中で分解され，その際に水中の酸素を消費する．こうした植物はセルロースやヘミセルロースなどの難分解性の炭水化物を多く含むことから，分解に時間がかかり，分解途上の枯死体が湖底に堆積していく（表2-4参照）．栄養塩については，抽水植物，浮葉植物は土壌中から，浮遊植物は水中

から摂取し，枯死後は，水中に回帰されるか土壌中に堆積される．沈水植物は水中の溶存無機炭素を利用する．枯死後，死骸は主に湖底に堆積するが，分解は速い．沈水植物も K^+ など一部の栄養塩を除き大部分の栄養塩は土壌中から吸収する．

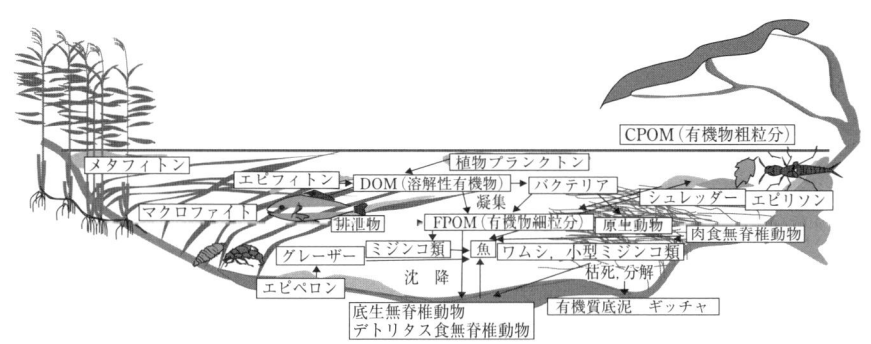

図3-15 浅い湖沼の有機物と生物群集の関係

浅い湖沼では，様々な形態の水生植物，付着藻類，流域から流入する有機物が一次生産を支える．これらは，分解されて細分化されるものの，それぞれの大きさの段階で，それを利用する動物が異なる．粗粒成分は破砕食者に，細粒成分は採取食者に，付着藻類は刈取食者の餌になる．また，溶解性の有機物の一部はバクテリアに利用され，バクテリアは原生動物の餌となり，原生動物は動物プランクトンの餌に，動物プランクトンの多くは魚に捕食される．

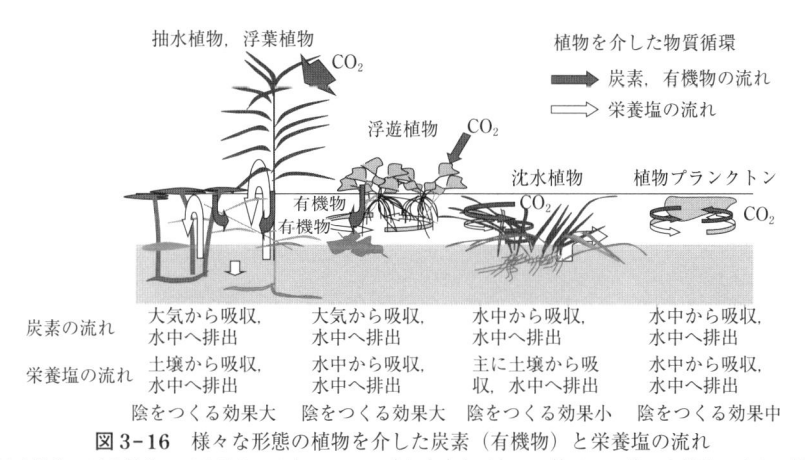

図3-16 様々な形態の植物を介した炭素（有機物）と栄養塩の流れ

抽水植物や浮葉植物，浮遊植物は大気中から二酸化炭素を吸収し，枯死した後の有機物は水中に排出される．そのため，大気中から二酸化炭素を吸収して有機物を合成し，枯死後に水中で分解される際には，水中の酸素を消費することになる．一方，栄養塩に関しては前者の二つは土壌中から後者は水中から吸収し，枯死後は水中に排出される．沈水植物は炭素は水中から栄養塩は主に土壌中から吸収，枯死後は水中へ排出される．いずれも土壌中の栄養塩を水中に移動させる．植物プランクトンの場合にはいずれも水中とのやり取りになる．

① 浅い湖沼の排他的安定状態とレジームシフト

　浅い湖沼においては，十分な透明度があれば湖底に沈水植物の群落が形成することが可能である．沈水植物群落は流入栄養塩を吸収するだけでなく，底泥の浮上を防止し，生息場の多様性を増加させ，捕食者の餌になりやすい様々な小動物や稚魚が捕食者から逃れる隠れ家（レフージ：refuge）を提供する．また，食物連鎖の上位に位置する魚食魚は繁殖能力が低い場合が多く，稚魚が隠れ家を利用することで，個体数が維持される．その結果，魚食魚がキーストーン種になってトップダウン効果がはたらき，プランクトン食魚やベントス食魚が減少，動物プランクトンや底生生物（ベントス：benthos）が増える．動物プランクトンのうちでも，大型のミジンコ類は植物プランクトンの摂餌能力が高い．しかし，一方では，捕食者にもみつかりやすく餌にもなりやすいことから，レフージのない場所では増殖が難しい．ところが，植物群落が存在すると，動物プランクトン食魚からの捕食圧が低下することでミジンコ類が増殖，その餌となる植物プランクトンが減少する．また，底生生物を餌とするベントス食魚が減少すると底泥の撹乱が少なくなり，透明度が維持される．この結果，沈水植物群落が発達する．透明な湖沼では，こうした仕組みが機能するため，流域からの栄養塩負荷が増加しても，過剰な栄養塩は沈水植物に吸収されるため植物プランクトンの増殖をもたらさず，透明度の低下にはつながりにくい．

　ところが，いったん透明度が低下すると状況は一変する．湖底の光が弱くなるために沈水植物群落は姿を消す．そのため，底泥の浮上量は増加し栄養塩が溶出，また，動物プランクトンのレフージになる場所がないために大型の動物プランクトンが減少，植物プランクトンが増加することで透明度はさらに低下する．このため，いったん，透明度が低下し植物群落が失われると，透明度が低いままの状態を維持する仕組みが機能し，流入栄養塩負荷を減少させてもなかなか透明度は上昇しなくなる．このように，浅い湖沼には，二つの相反する安定な状態（alternative stable state）が存在する（図3-17）．

　二つの安定な状態が存在する場合，一方の状態（レジーム：regime）から別の状態に移行するにはきっかけが必要である．この別の安定状態に移行する現象をレジームシフト（regime shift）とよんでいる．

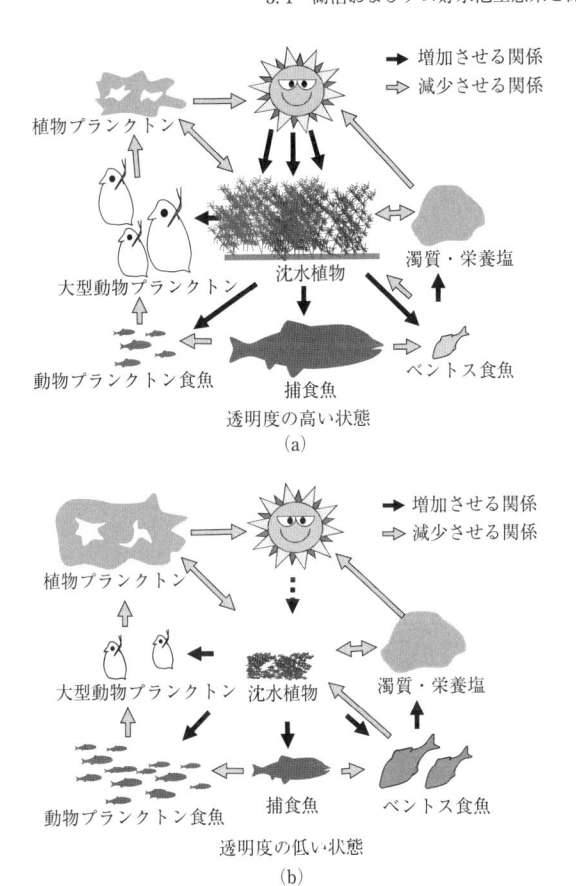

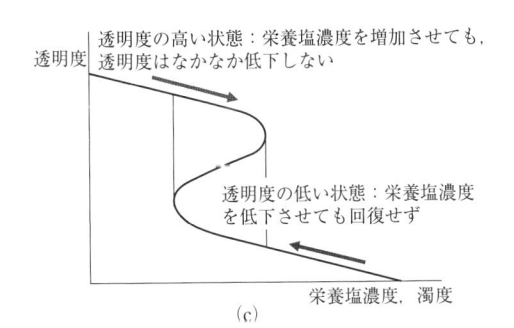

3.1 湖沼およびダム貯水池生態系と開発の影響　91

図 3-17　浅い湖沼で生ずる排他的安定状態とレジームシフト

　浅い湖沼では，透明度の高い場合には，沈水植物群落が発達し，大型の動物プランクトンが増加するなどの過程を経て，栄養塩負荷が増大しても透明度は保たれる．しかし，いったん透明度が低下すると，沈水植物群落が消失し，栄養塩負荷を減少させても透明度はなかなか回復しない．そのため，栄養塩濃度と透明度との間の関係にはヒステリシスが存在する．

（3）ダム湖の特性と問題

① ダム湖の特徴

わが国のダムは山間部の谷筋に沿って建設されることが多く，多くは，流下方向に細長い形状をしている．そのため，通常の湖沼とは異なった性質をもつものも多い（図3-18）．まず，通常の湖沼と比較すると，流入，流出水量に比較して，湛水した水量が小さく，湖沼と河川の中間的な性格を有している．

② ダム湖の水温構造と流入，流出河川の水温の関係

ダム湖内の水温構造も，一般の湖沼と同じく，冬季には冷却されて全層が一様になり，春から夏にかけて表層の水温が上昇する．そのため，流入河川の水は，冬季は水面近傍を，夏季は同じ水温の層にまで沈み込み，その深さを流れ下る（図3-19）．一方，下流では，取水口の深さの水が放流される．そのため，取水口の高さが一定な場合，取水口の高さが高い場合には，流入水温よりも高い水温の水が，低い場合には，流入水温よりも低い水温の水が放流されることになる．また，洪水調節ダムの場合には，ダム貯水池内の水位を冬季（10月〜5月）は高く設定し（常時満水位），洪水期の夏季（5月〜10月）には水位を低く抑える（夏季制限水位）ことが行われる．そのため，水位を下げる5月に短期間に大量の水を放流することになる．ところが，この時期には，湖内は十分昇温していないため，流入水温よりも低い水温の水を放流することになる．一方，貯水池の水は夏季に加熱されるために，冬季でも深層まで高い水温を保っている場合が多い．そのため，放流水温はどの層から取水しても，流入河川の水温よりも高くなる．このように，大量の水の加熱や冷却に時間がかかるために，ダム湖が建設されると，下流河川の水温は，一般に，夏季に低くなり，冬季に高くなる（図3-20）．こうした水温の変化は，下流の生態系に影響を与える．

こうした変化は季節的な変動にとどまらず，1日のうちの水温変動にも現れる．河川の水は1日のうちでも昼間は高く，明け方は低くなる．ところが流入河川水がダム湖内で希釈されるため，下流においては，こうした変動は消滅する．

こうした問題を克服するために，通常は選択取水設備が用いられる．これは，取水口の深さを目的に応じて上下させて取る水の温度を変えるしくみである．しかし，この場合にも，必要となる水温の層が存在しているときに機能するものであり，そうした水温の水が存在しない場合には効果が得られない．

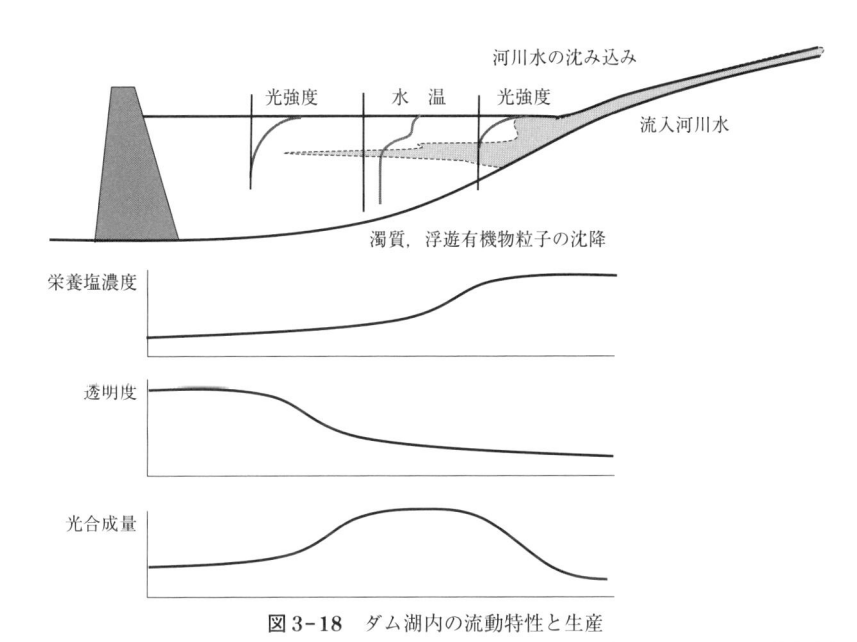

図 3-18　ダム湖内の流動特性と生産

　ダム湖内では，流入部付近は浅く流速が速いために河川に近い性質をもち，下流部では深く流速も遅いことから湖沼に近い性質を有する．そのため，流入した濁質や有機物粒子は流下とともにより沈降し，栄養塩濃度も低下する．また，濁質が沈降することで，透明度は下流部で高くなる．こうした二つの相反する性質のため，光合成量はそれぞれの高い値が重なり合う中間部で高くなる．

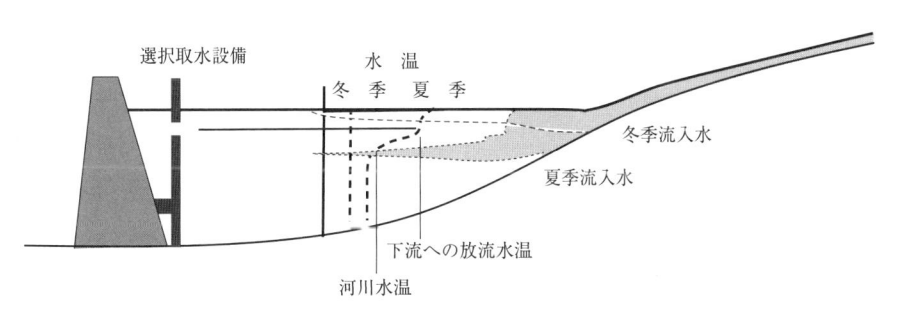

図 3-19　ダム湖の水温構造と流入水の流下

　ダム湖の水温分布は一般の湖と同じく，夏季には水温成層が形成され，温度躍層に顕著な水温勾配が生ずる．また，冬季には全層または部分的な循環を生ずる．冬季にはダム湖全体が冷却されているために，流入河川水の方が水温が高く，流入した河川水は水面近傍を流下する．夏季には，温度躍層付近にまで沈み込み，その深さを流下する．下流への放流水温は取水口の深さの水温となる．また，常にその高さの水が放流されることから，それより上の水温が一様になり，その高さに温度躍層が形成される．
　下流に所定の水温の水を放流する必要がある場合，取水口の深さが変化可能な選択取水設備が設けられる．

③ ダム湖内の流動構造と一次生産

ダム湖において，流入部は，流速が速く河川に近い性質を有した領域（riverine region）となっている．一方，下流部は，流速が遅く，停滞した湖沼に近い領域（lacustrine region）になっている．流入した濁質や有機物などは，流入部では流れがあるために浮遊した状態が保たれやすく，流下とともに徐々に沈降する．そのため，透明度は流入部で低く，下流にいくにしたがって高くなる．一方，栄養塩濃度は，流入部で高く下流で低い．さらに，植物プランクトンの増殖には，日射と栄養塩濃度の両方が必要であるために，一次生産量は流入部と停滞した領域の中間部で最も高くなる．

④ ダム湖の濁水化

春から秋にかけて，貯水池内は表層から加熱され，湖内には水温成層が発達する．この時期，通常，河川水温は表層の水温より低いために，湖内に流入すると，温度躍層付近にまで沈み込み，その深さを下流に向けて流下する．流入する洪水流がある程度の規模以下であれば，全体の成層構造を大きく変えることはなく，洪水流は温度躍層付近をくさび状に流下し，短期間に下流に排出される．ところが，流入する洪水規模が大きくなると，温度躍層が破壊され，流入水が貯水池全体に広がる．温度躍層が存在している場合と異なり，この水が排出されるまでには長い時間がかかる．

洪水流は粘土やシルトの細かい濁質を大量に含んでおり，こうした濁質の沈降には長い時間を要する．そのため，流入した洪水流の占める領域は白く濁った濁水になる．大規模な洪水流が流入した場合には，濁水が湖内全体に広がるため，取水口を介して下流に放流し尽くすには長い時間を要する．このため，下流河川には長期間濁水が供給され透明度が低下する．その結果，レキの表面はシルト分で覆われ，日射が阻害されるために付着藻類の生育は妨げられる（図3-21）．

こうした濁水長期化の防止対策には，通常，選択取水設備が用いられる．通常の取水口を中層の位置に設置し，この高さから取水を行うことであらかじめ温度躍層をより強固なものにしておく．濁水の流入後は，初期は中層から取水して可能な限り濁水を排出し，その後，表層が澄んできたら，表層からの取水に切り替え，下流に濁水を放流する期間を短縮する．しかし，洪水の時期が遅く，濁水を排出しきらないうちに冷却が進んで，貯水池内に循環が生じてしまう場合には，濁水は再び貯水池内に広がってしまうことになる．

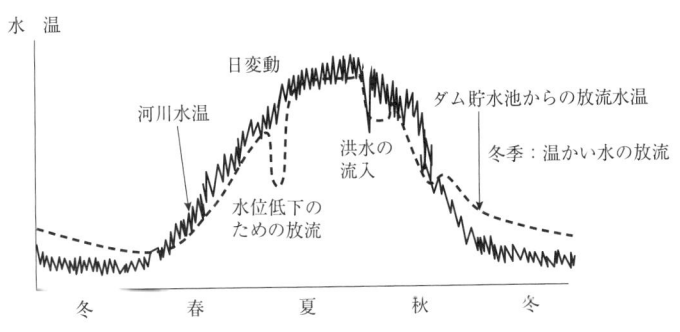

図 3-20　ダム湖への流入河川水温とダム湖からの放流水温

　春から夏にかけてはダム湖の表層水温が上昇するものの，ある深さから放流されるために，流入水温よりも低い水温の水が放流されやすい．また，洪水調節ダムでは夏季に水位を低下させるために，低下時に十分加熱されていない水も放流され，放流水温が一時的に低下する．ダム湖は大量の水を貯留しているために，冷却に時間がかかる．そのため，冬季は，流入水温よりも高い水温の水が放流されることになる．また，河川水温は1日のうちでも変動がある．しかし，ダム湖に流入して希釈されると，放流水温にはこうした変動はなくなる．

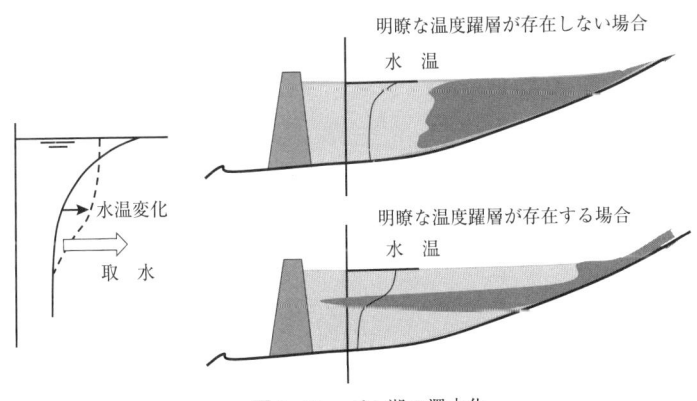

図 3-21　ダム湖の濁水化

　ダム湖内に流入した洪水時の濁水は，顕著な成層が形成されていると，濁水を含んだ流入水は同じ水温の層をくさび状に進む．ところが，成層が弱い場合や大量の洪水が流入した場合には，温度成層が破壊され，濁質が湖内全域に広がる．こうした状態になると，濁水の排出に時間がかかるために，下流に長期間濁水を放流し続けることになる．

（4）富栄養化現象と対策

湖沼において，流域からの栄養塩負荷が高いと大量の植物プランクトンが発生して水面に集積し，水の色が変化するアオコとよばれる現象を生じる（図3-22）．

アオコの原因は多くの場合，シアノバクテリア（藍藻類）であり，ダム湖では，湖岸が急で植生が少なく，通常の湖沼と比較してアオコは発生しやすい．

アオコの主原因となるシアノバクテリアは，クロロフィル a とカロテノイドの他に，フィコビリン色素を有し，特に，フィコシアニンのもつ青色のために藍色を呈する．シアノバクテリアの特性としては，HCO_3^- を細胞内に取り込んで光合成に利用する，ニトロゲナーゼとよばれる酵素を有して窒素固定を行うなど，他の植物プランクトンとの競争に有利な特徴を有している（2.2参照）．

アオコの発生によって様々な問題が引き起こされる．

植物プランクトンが発生すると湖沼の透明度は低下し，水の色も黄緑色，茶色，黒色に変色し，景観上の問題を引き起こす．また，シアノバクテリアの多くは，健康に障害を起こす有害な物質を発生させるため，大量に発生すると飲料水として利用できなくなるだけでなく，遊泳などのレジャーにも適さなくなる．シアノバクテリアの生成する有害物質には以下のようなものがある．

ミクロシスティン（Microcystin）：フォスファターゼ酵素のはたらきを弱め，肝臓障害などを引き起こす．ミクロキスティス（*Microcystis*），アナベナ（*Anabaena*），プランクソリックス（*Plankthorix*）などの多くのシアノバクテリアにより生成される．

ニューロトキシン（Neurotoxin）：アナトキシンなどがあり，神経系に障害をきたす．アナベナ（*Anabaena*），オシラトリア（*Oscillatoria*）などにより生成される．

サイトトキシン（Cytotoxin）：タンパク質の合成に影響する．

これらの量はシアノバクテリア類の細胞数と密接な関係があり，海外では，100 000 細胞/mL 程度以上になると，遊泳などの自粛を求め，スカム状になる程度にまで濃度が高くなると，遊泳禁止や詳細な調査を必要とする基準を設けているところもある．

かび臭：シュードアナベナ（*Pseudoanabaena*）などの種は，ジメチルイソボルネオール（2MIB），また，アナベナ（*Anabaena*）などはジオスミン（geosmine）とよばれるかび臭味を伴う物質を生成，飲料水としての質を低下させる．この他に，大型の珪藻類は濾過浄化の際の目詰まりを引き起こす．こうしたことか

ら，利水を伴う湖沼やダムにおいては，植物プランクトンの増殖を抑制する目的で様々な対策がとられている．

図3-22 ア オ コ

湖沼への流域からの栄養塩負荷が高いと，大量の植物プランクトンが発生し，アオコとなる．

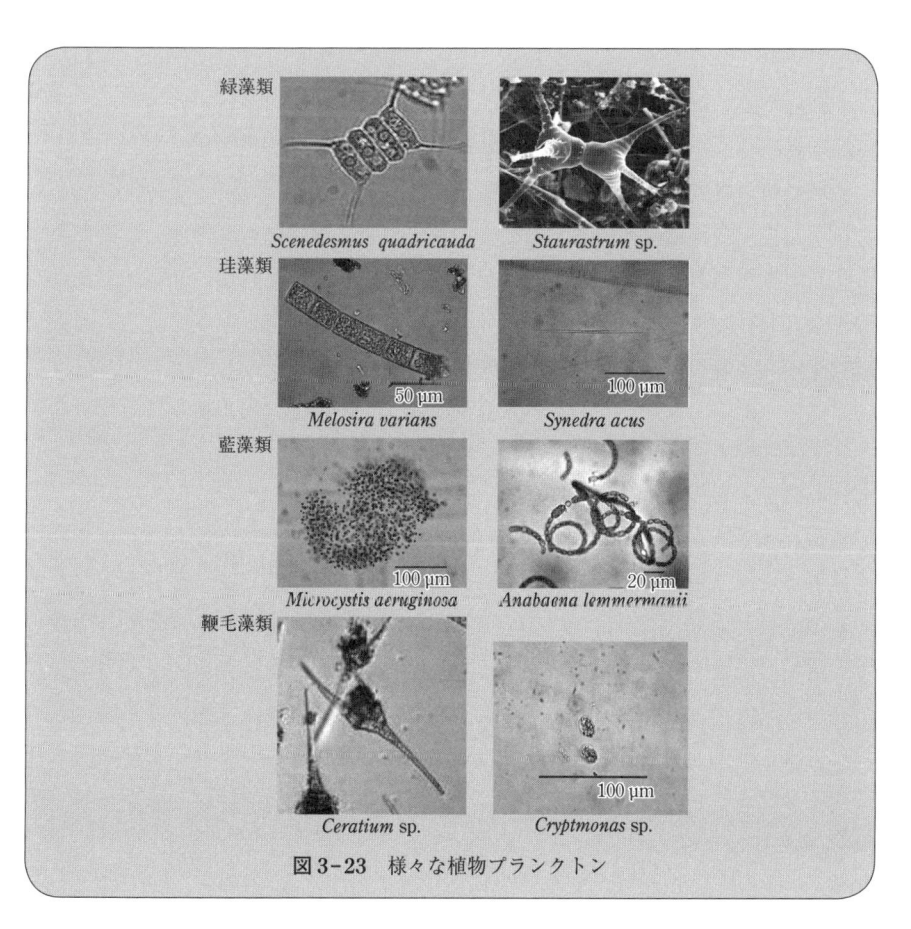

図3-23 様々な植物プランクトン

① 流入栄養塩負荷軽減対策

　富栄養化対策は，大きく流域の栄養塩負荷を軽減する対策と湖内で植物プランクトンの増殖を抑える対策に分けられる（図3-24）．

　しかし，最も効果的な方法は，栄養塩の流域からの流入負荷を軽減することである．流域には，自然の状態での負荷の他に，集落や工場，畜産施設からの排水，農地など様々な負荷源が存在する．さらに，負荷源は地上にとどまらず，大都市の風下では自動車の排気ガス由来のNO_xや，西南日本においては大陸の工場からの排気ガス中に含まれるSO_xに起源をもつ大気からの負荷も大きい．こうした負荷は平常時も存在するが，それと比べると，降雨時にはさらに大きくなる．そのうえ，長期間多量の窒素が供給されてきたために，植物や微生物の要求量を超え，森林から窒素が流出することも生じている（図3-25）．ところが，わが国の河川では，流下に要する時間が短いため，大量の栄養塩負荷が存在しても河川内で植物プランクトンの発生を促すことはまれである．しかし，いったん，滞留時間の長い貯水池や河口堰などの湛水域に入るとアオコを発生させる．

　流域負荷の軽減には，流域の下水道整備や合併浄化槽の設置，家畜飼育場からの排水処理，農耕地における肥料の使用量の削減，汚水の高度処理，浮遊有機物の沈澱池や植物浄化施設，レキ間浄化施設の建設，栄養塩濃度の低い河川からの導水などが行われる．しかし，これらの流域対策には通常多大な建設費と維持管理費を伴う場合が多く，短期間での整備は難しい．

　一般に土壌中では浄化効果は急激に高まる．そのため，扇状地など勾配が大きく，土壌粒子の粗い場所では，汚濁水の地下浸透や伏流化で，水中の栄養塩量は大きく減少する．

　流域の状況も河川の水質に反映される．舗装された場所や側溝のような不透水性の場所の連続性が高いと，栄養塩の捕捉率は低下する．流域から河川に流入する境界に植生帯や湿地が存在するだけで，植生帯や湿地がない場合と比較して，河川に流入する栄養塩量は大きく減少する．また，畜産施設の下流や汚濁した支川の流入する場所では，河川敷を利用した湿地の建設，河道内で水際を利用した湿地の創出も効果的である．また，流域内の水路もコンクリート壁に囲まれている場合よりも，土や石組みでつくられている場合の方が浄化効果が高い（図3-43参照）．

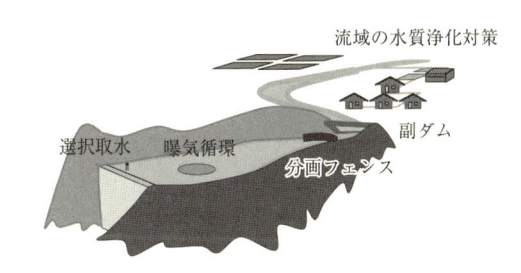

ヨシ原浄化施設

図 3-24 富栄養化対策
富栄養化対策には，流域からの栄養塩排出量を減らす流域対策と，湖内で植物プランクトンの発生を防止する湖内対策がある．写真は，流域対策の一つ，ヨシ原浄化施設．栄養塩に富んだ水をダム湖に流入する以前に，ヨシ原に流入させ栄養塩を取り除く．

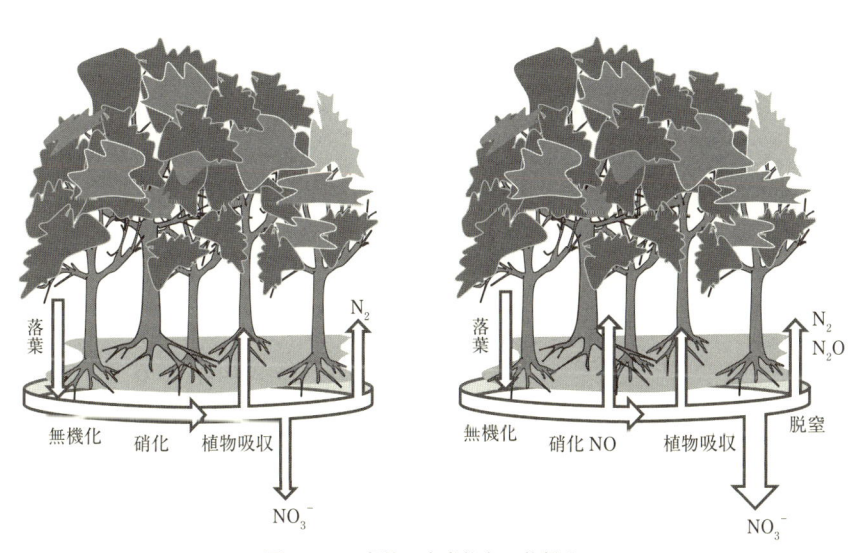

図 3-25 森林の窒素飽和の仕組み
降雨などで森林に供給された窒素負荷量が少ないと，大部分は植物や微生物に利用され，系外に流出する量は少ない．しかし，肥料や排ガス起源の窒素が大量かつ恒常的に供給されると，植物や微生物の要求する量を超え，系外に大量に流出される．

② 湖内対策

流域からの流入影響塩負荷の軽減が難しい場合，湖内で植物プランクトンの増殖を抑制する手段が有効となる．

a. 深い湖沼での富栄養化対策

曝気循環および選択取水（circulation/aeration, selective withdrawal）：湖内対策の中で最も一般的に行われるのは，湖内の水を循環させて混合させる方法である．一般に，湖底や中層から空気を散気的に発生させて，気泡の浮力によって上下方向の流動を生じさせ，上下層を混合させる方法がとられる．これにより，それまで上下方向の物質輸送を妨げていた湖内の温度躍層を破壊したり低下することで，水面から連なる水温一様な層が形成される．この層内では密度成層が存在しないために，わずかな冷却や外部の撹乱でも対流が生じ，それまで有光層内に集積していた植物プランクトンを無光層にまで拡散させ，光合成量を減らすことができる．また，上下層を混合させることで表層の水温が低下するため，植物プランクトンの増殖率が低下する．さらに，表層に二酸化炭素が供給されることで，シアノバクテリア主体であった種構成を緑藻や珪藻に遷移させることも考えられる．他方，水中に空気を送り込むことは，深層の貧酸素化を防止し，土壌からのリン酸の溶出を抑制する効果も併せもつ（図3-26）．

副ダムおよび分画フェンス（pre-reservoir, curtain）：わが国のダムでは，湖内の栄養塩の大部分は流域から流入している．そのため，栄養塩が貯水池の主要部に達する以前に沈殿させたり植物プランクトンに吸収させることで，貯水池主要部での栄養塩濃度を低下させ，植物プランクトンの増殖を抑制することができる．これには，河川水が貯水池に流入する前に設けられるいったん水を溜める小規模なダム（副ダム，前貯水池）や，また，貯水池の内部の流入部付近において，温度躍層より深くまで，横断方向に張られた不透過な幕（分画フェンス）などが有効である．分画フェンスは，表層の水の移動を防止し，河川からの流入水を一時とどめて栄養塩を沈降させたり植物プランクトンを発生させて吸収させることで，下流の広い水域の栄養塩濃度を低下させる（図3-27）．

バイパス水路：洪水時のような短期間のみ流入河川水の栄養塩や濁質濃度が高くなる場合，この期間だけ，河川水をバイパストンネルや水路で貯水池を迂回させることも有効である．

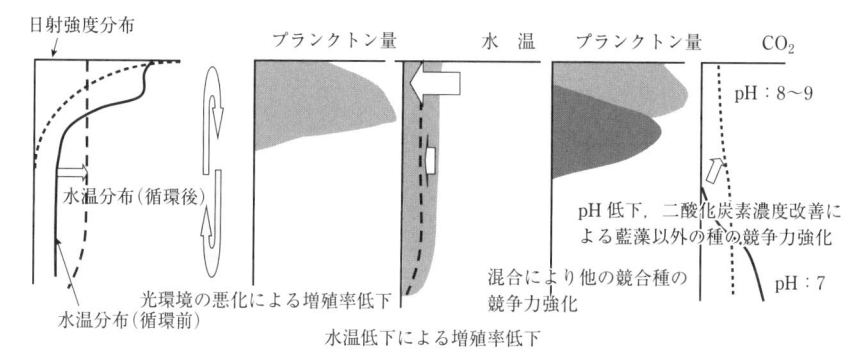

図3-26 曝気循環施設によるアオコ抑制効果

　曝気循環は，水中の散気管から気泡を放出し，湖内に形成している水温成層を破壊し湖内の循環を促進する方法である．これにより，表層の植物プランクトンが深層に運ばれること，混合によって表層の水温を低下させて増殖率を低下させること，上下運動が可能であったり，HCO_3^- が利用可能なシアノバクテリアに対し，他種の競争力を高めることなどから，特に，シアノバクテリアなどの植物プランクトン量を減らすことができる．

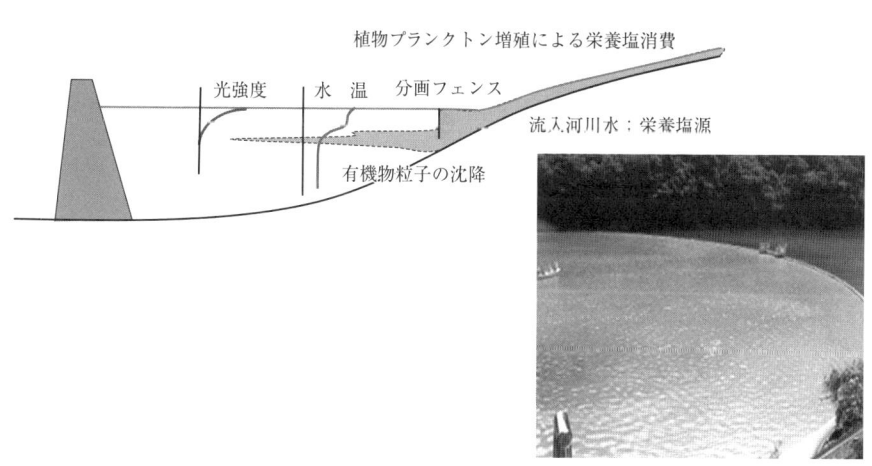

図3-27 貯水池分画フェンスの効果

　分画フェンスは貯水池の内部の流入部付近に温度躍層より深くまで達するように設置され，河川からの流入水と貯水池を分断する．それにより，流入栄養塩を一時フェンスの上流にとどめることで，その水域に植物プランクトンを発生させて栄養塩を消費させたり，粒子態の栄養塩を沈降させることが可能になり，分画フェンス下流の広い水域の栄養塩濃度を低下させて植物プランクトン量を減少させる．また，淡水赤潮の原因となる上流部の湖底でシストをつくる渦鞭毛藻類に対しては，これらの藻類が上流へ移動することを妨げ，翌年の増殖を防ぐ．

b. 浅い湖沼における富栄養化対策

　かい掘りおよび湖底の干し上げ（drying）：植物プランクトンには，ある時期底質で生活する期間をもつものが多い．湖底の干し上げは，こうした時期に湖底を乾燥させることで，湖底の植物プランクトン細胞を乾燥させて枯死させる方法である．特に，緑藻や珪藻に比べシアノバクテリアの中には，ミクロキスティスのように乾燥に対する耐性が低いものも多く，湖底を干し上げることで優占種をシアノバクテリアから緑藻類や珪藻類に遷移させることができる．しかし，同じシアノバクテリアでもアナベナの場合には効果は限られ，逆に増加することもあり，対象とする植物プランクトンによって使い分けが必要である．

　湖底の干し上げは，一方では，貧酸素化しやすい底質に酸素を供給する．そのため，硫化水素などの有害物質の発生を防止する．さらに，水生植物の中には，乾燥がトリガーとなって発芽するものが多く，かい掘りや干し上げの後，多くの植物が発芽することもめずらしくない．また，過剰に増殖した魚や外来種の除去にも効果的である（図3-28）．

　バイオマニピュレーション（biomanipulation）：湖沼の食物連鎖を簡単に表すと，栄養塩を吸収して植物プランクトンが増殖し，それを一次消費者である動物プランクトンが餌とし，動物プランクトンは動物プランクトン食魚に捕捉され，そうした動物プランクトン食魚は魚食魚に捕捉されるという構造をしている．ここで，動物プランクトン食魚が減少すればトップダウンの効果で，動物プランクトンが増加，植物プランクトンが減少する（1.5（5）参照）．この仮説に従って，動物プランクトン食魚を除去したり，魚食魚を導入して動物プランクトン食魚を減らし，植物プランクトン量を減少させることで湖沼の透明度を増加させる方法をバイオマニピュレーションとよんでいる．この場合，レジームシフト（3.1（2）参照）を生じさせる必要から，動物プランクトンが捕食者からのレフージの存在が必要である．通常，大型植物群落がその役割を担う．一般に，大型植物群落が水域全体の20～30％を超えると，動物プランクトンによる植物プランクトンの捕食が顕在化し，植物プランクトン量が減少し，透明度が増加するといわれている（図3-29）．

　導水によるフラッシング（flushing）：近傍の清浄な河川水やリンを除去した水を導入することは，湖内の栄養塩濃度を低下させるのに有効な手段である．この場合にも，徐々に沈水植物群落などが発達し，透明度の高いレジームに移行させることが可能である．

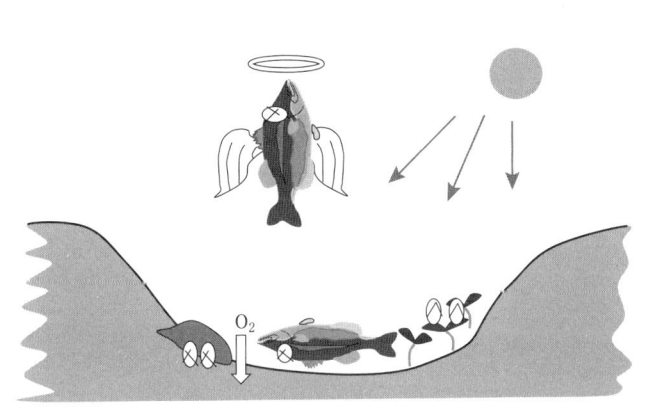

図 3-28 かい掘り，湖底の干し上げ

　湖沼の水位を下げて，湖底を乾燥させると，貧酸素化した湖底の土壌に酸素を供給できるだけでなく，乾燥に弱い藍藻類を減らし，他の種に変化させることができる．また，沈水植物の発芽促進や外来種の除去も可能になる．

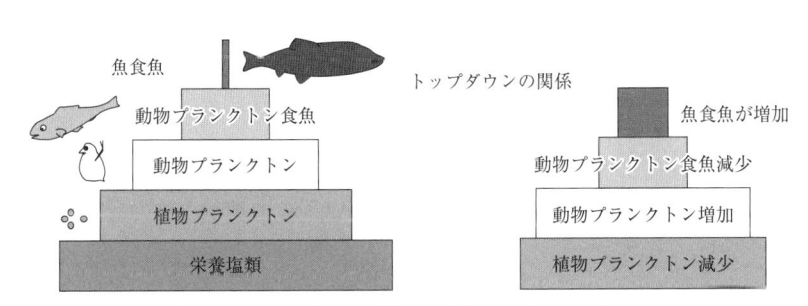

図 3-29 トップダウン型のバイオマニピュレーション

　流入栄養塩負荷を減少させても，湖沼の透明度はなかなか上昇しない（3.1 (2)，図 3-17 参照）．ところが，魚食魚が増加したり動物プランクトン食魚が減少すると，トップダウン効果で動物プランクトン量が増加し，植物プランクトン量が減少する．その結果，湖沼を透明度の高いレジームに変化させることができる．動物プランクトン食魚を捕獲することで，これを達成しようとするのがバイオマニピュレーションである．その後，沈水植物群落が徐々に増加し，その面積が水域の面積の 20～30％程度になれば，動物プランクトン量が増加し，植物プランクトンの捕食が顕著になり，透明度の高い状態が持続的に維持できる．

（5）湖岸の埋め立てと護岸，離岸堤，湖底の浚渫

　湖岸の埋め立てを行ったり，堤防の建設，岸から少し離れた場所に離岸堤などの建造物を建設すると，群落どうしの調和を破壊するだけでなく，堤防背後が止水域になって貧酸素化したり，抽水植物群落が繁茂して陸化する（図 3-30 参照）．また，護岸前面の湖底は洗掘され緩やかな勾配の湖岸も失われる．

　緩やかな湖岸や植生帯が存在すると，湖流の流速分布も徐々に変化し，土砂の堆積も起こりやすく，洗掘は起こりにくい．また，植物群落は底生動物の生息場所として適しているだけでなく，根や地下茎の通気能力の劣る植物にとっても群落形成が可能になる（2.5 参照）．しかし，急勾配の湖岸や護岸の前面では，流速が速くなり洗掘しやすくなる（図 3-31）．そのため，湖岸の連続性が失われる．同様に，急勾配な湖岸に形成された密な抽水植物群落の前面においても流速の勾配が大きくなり，洗掘されやすくなる．

　広い湖沼では，湖の形状や風向きとの関係によって波浪が高くなる場所も多く，かつては湖岸に砂浜が広がっていた場所も多い．そのため，波浪を抑えて，湖岸に植生を生やすことが，常に原風景の再生につながるとは限らない．砂質土壌は水質改善効果も高く，また，土壌中の酸素濃度が高い．ところが，生産性の高い抽水植物や浮葉植物群落が形成されると，日射を遮るだけでなく，微細な浮遊物や有機物を堆積させる．そのため，砂質の湖岸をシルトや粘土質に変化させ底質を貧酸素化する．

　砂の供給が少ない場所では，いったん消滅した砂浜湖岸を再生することは容易ではない．しかし，湖岸に沿った流れや近くの流入河川によって砂が運ばれてくる場所では，沖合に人工島を建設したり突堤を設けることで周辺に砂が捕捉され，湖岸に再び砂浜が形成できる．

　湖沼においては，浚渫は湖底に堆積した有機質に富んだ富栄養な土砂の除去を目的に行われる場合が多い．しかし，湖底の底質の表面には薄い酸化層が形成され（図 2-13 参照），土壌中からの栄養塩の溶出を抑制したり，水中の酸素が土壌に吸収されるのを防いでいる．湖底の土壌を掘削することはこうした層の破壊につながる．また，浚渫を行うと湖底に凸凹をつくることが多く，窪地になった場所では水が滞留し，貧酸素化することが多い．さらに，湖底の表層土壌中には植物の埋土種子も多く，浚渫はこうした種子を排除することにもなり（図 3-32）かえって環境を悪化させることも多い．そのため湖底の浚渫には細心の注意が必要である．

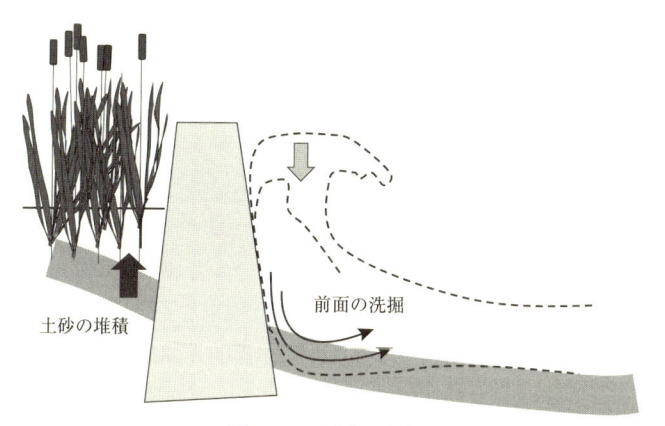

図 3-30 護岸の影響

湖岸に護岸が設置されると，背後は土砂が堆積し，抽水植物群落などができやすいものの，その前面は波浪や湖岸流で洗掘されやすくなる．

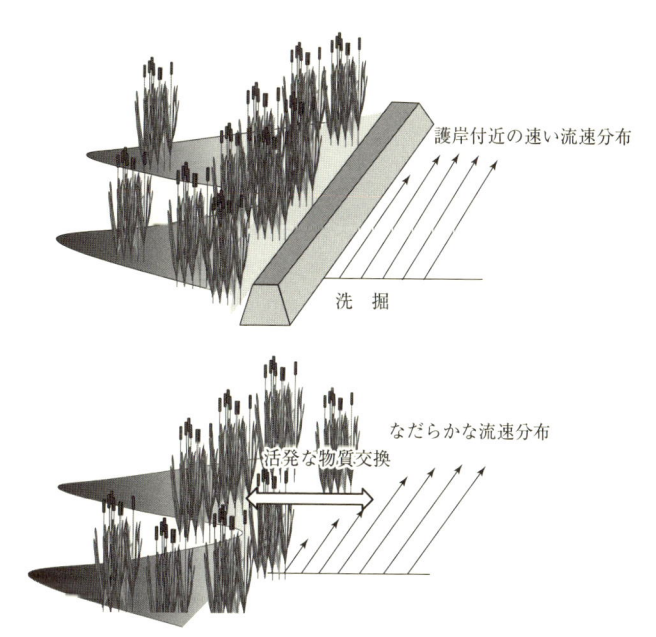

図 3-31 護岸がある場合とない場合の湖岸流の流速分布の違い

湖岸の勾配が緩く，植物群落などが存在していると，そこでの流速は小さく，沖合との間で緩やかな流速勾配がつくられる．一方，護岸が建設されると，その前面は滑らかなことから，沖合での速い流速が維持され，洗掘を生じやすい．

(6) 湖沼の人工的改変による沈水植物の減少

沈水植物は透明度を維持するのに大きな役割を果たす．しかし，こうした沈水植物は多くの湖で姿を消している．この原因には様々なことがあげられる．

流域からの栄養塩負荷が増大し，湖沼が富栄養化することで透明度が低下したことは，多くの湖で沈水植物消滅の主要な原因となっている．また，沈水植物自体が完全に消滅することはなくても，生育域が浅い場所に限定されてきたところもある．シャジクモ類のように，もともと深いところに生えるものについては，富栄養化によって，競争相手の少ない深い場所の生育域が失われ，他の植物との競争の激しい場所のみが残され，これが消滅に拍車をかけた湖沼もある．また，シャジクモ類のように湖底に沿って背の低い平面的な群落を形成する沈水植物種は，鉛直に伸びる種よりも富栄養化による透明度の低下の影響を受けやすい．これもシャジクモ類が消滅した原因と考えられる．

沈水植物は，草食の水鳥，ソウギョやコイ，アメリカザリガニなどが好んで餌とする．そのため，こうした動物による食害の影響も大きい．特に，ソウギョの食欲は旺盛で，導入された湖沼では，ほぼすべての湖沼で沈水植物が消滅した．わが国の湖沼においては，ソウギョ自体の再生産はないものの，導入された個体が死滅するまで食害が続く．アメリカザリガニは，葉の細い植物を好んで食べるために，特に，そうした形態をもつ植物に対する影響が大きい．

土砂の流入が大きいと，水の透明度を減少させるだけでなく，種子を埋没させて発芽率を減少させる．除草剤が流入したことが原因となって，沈水植物が消滅したと考えられる湖沼も多い．かつてはほとんどの湖で沈水植物群落がみられたが，1960年代にいっせいに姿を消したことが知られている．これには除草剤の関与が疑われる．

湖岸の浅い場所に生えていたものについては，護岸の設置が大きな影響を及ぼす．護岸が設置されると，その前面の流速が増大し土壌の洗掘が生じ，護岸の形状によっては，死水域が生じて有機物や微細土砂が堆積したり，土壌の貧酸素化が助長されるため，これが沈水植物の消滅につながる場合も多い．

その他，洪水対策用のダムの場合には，水位の変動が大きすぎることや，湖岸が急で基盤となる土壌が堆積しにくいために，沈水植物群落の形成には不向きである（図3-32）．

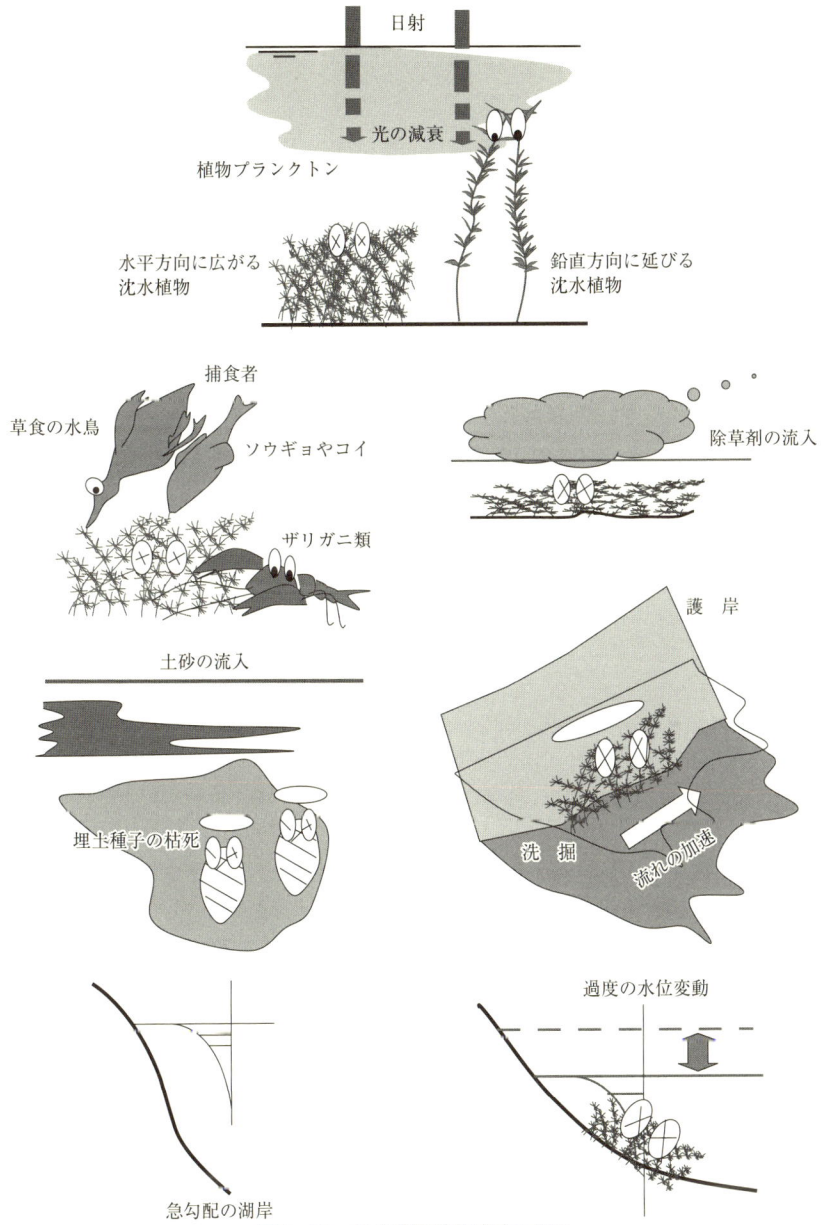

3.1 湖沼およびダム貯水池生態系と開発の影響　107

図3-32　沈水植物群落消滅の原因

　沈水植物群落消滅の原因には，富栄養化による透明度の低下，草食動物による食害，除草剤や土砂の流入，護岸や湖岸の急勾配化，過度の水位変動などが考えられている．富栄養化による透明度の低下は鉛直に伸びる植物よりも，背が低く，水面に広がる植物に対して影響が大きい．

多年生抽水植物の生活史

　水生植物の中では，ヨシやマコモなどの多年生抽水植物はバイオマスも大きく，植生浄化などに頻繁に利用される．こうした植物の群落を管理するには，その生活史に基づいたものである必要がある．

　多年生植物は地下茎や根茎で越冬する．春には地下茎や根茎に貯蔵された養分を利用して芽を出し，初期はそれで生育を続ける．5～6月には葉茎が十分発達し，光合成がさかんに行われるようになるため，そこで生成される物質を今度は地下茎に転流する．穂をつけると，光合成で生成される物質は穂の形成と転流によって地下茎に輸送されるために，葉茎の生育は止まる．10～11月以降になると，葉茎は徐々に枯れる．その場合にも，葉茎に蓄えられていた養分の多くを地下茎に転流させ，地下茎を成長させ，そのとき蓄えられた養分により冬を越す．

　こうした生活史を考えると，葉茎の刈り取りやヨシ焼きを行いながら，抽水植物群落を維持していくためには，刈り取りやヨシ焼きは，地下茎が十分発達した秋以降に行わなければならない．また，この時期の刈り取りやヨシ焼きは，土壌表面に堆積し，萌芽の阻害になるリターの除去にもつながるため，植物の生育にとっては好ましい．

　逆に，葉茎に蓄えられた栄養塩を刈り取りによって除去する際には，そうした栄養塩がまだ葉茎に蓄えられている状態で刈り取りを行う必要がある．

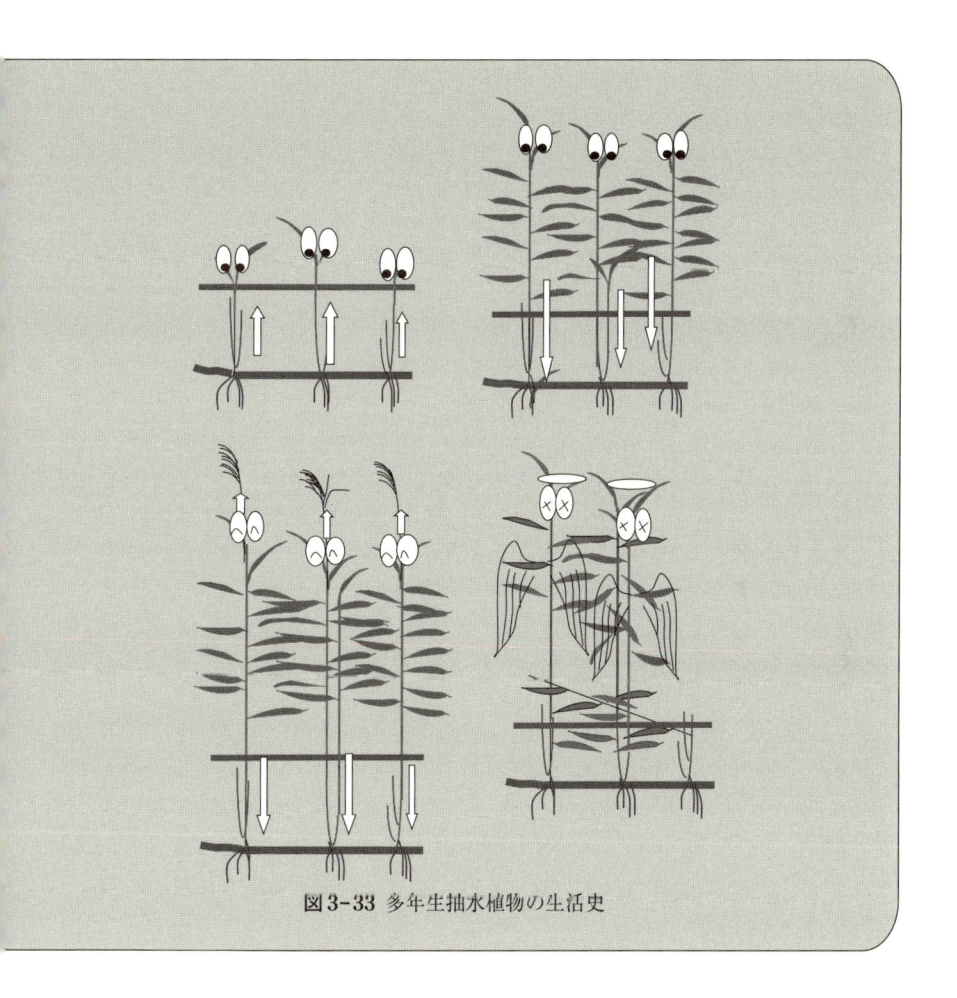

3.1 湖沼およびダム貯水池生態系と開発の影響　109

図3-33 多年生抽水植物の生活史

3.2 河川生態系の特徴と開発の影響

(1) 河川生態系の特徴

① 上下流における河川地形の特徴

わが国の河川の地形は流域（watershed）の中でも，上流と下流で大きく様相を異にする．

河川の流路形態は，図3-34に示されるように，上流の山岳地域では，河道はV字渓谷に沿って蛇行して流れている．しかし，ここでの蛇行は堆積よりも侵食の方が支配的で，河道も渓谷に沿って流れており，平野部での蛇行とは異なる．こうした蛇行は，穿入蛇行（incised meander）とよばれる．こうした区間においても部分的に土砂の堆積は生じ，谷底平野を形成している．山岳地帯から沖積平野に出ると，勾配は緩くなり，河道の両側は開けて川幅も広がることから，流速も低下し，運搬されてきた流送土砂はさかんに沈降，堆積される．そのため，こうした場所には土砂が堆積し，扇状地が形成される．扇状地上の勾配は比較的急であり，広がった河道内にはいくつもの州がうろこ状に形成され，洪水ごとに形を変える不安定な地形が形成される．こうした河道は網状流路（braided channel）とよばれる．急流で，土砂の供給が多く，山岳地帯を抜けて海までの距離が短く，海底地形も急な河川では，山岳地帯を抜けた場所に広い扇状地が形成されて，そのまま海に流入する河川も多い．しかし，扇状地の下流に沖積平野が広がる場合には，河川は平野に入ると蛇行を始め，(自由)蛇行流路（meandering channel）の形態をとる．シベリアやアラスカの低地のように勾配が極めて緩い平野では，河川は大きく蛇行している．わが国の平野でも，かつては蛇行する河川が多数みられた．しかし，明治期以後の河道の改修によって直線化され，現在ではこうした河道の多くが姿を消している．河川水が海域に入ると，それまで運搬されてきた土砂が沈降する．一方で，海からは，波浪によって砂が運ばれてくるため，河口部には砂州が形成される．こうした砂州で河口部がふさがれることも多い．河口部に形成された砂州は洪水時に河川の流量が増大すると流失はしやすいものの，洪水時には河川から運ばれる土砂量も多く，これらはさらに沖に堆積する．そのため，州の位置は徐々に沖に移動し，デルタ地形を形成する．このように河道の形態が類似した 10^3〜10^4 m のスケールの区間をセグメント（segment）とよぶ（図1-33参照）．

河川によって運搬される土砂は，河床を転がって移動する掃流土砂（bed load），粒径の数百倍程度の距離を浮いて移動してときどき河床に接触する，主に砂分からなる浮遊土砂（suspended load），ウォッシュロード（wash load）とよばれる，上流から下流までほとんど浮いたままで海まで運ばれるシルトや粘土分からなるものに分けられる（図3-35）．

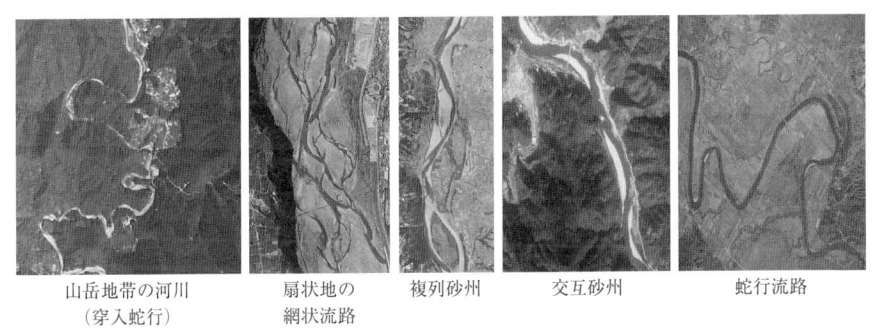

山岳地帯の河川	扇状地の	複列砂州	交互砂州	蛇行流路
（穿入蛇行）	網状流路			

図3-34 上下流における河川の流路形態

　河川の流路は，上流の山岳部では谷に沿って流れる穿孔河川（河床勾配1/200程度まで），平野に出る場所に形成される扇状地上では網状流路（河床勾配1/1000程度まで），その後，平野に入って，河道内に複列，単列の交互砂州が形成される．また，流路自体は，平野に入って勾配が緩くなるにつれ大きく蛇行する（河床勾配1/10 000程度まで）．

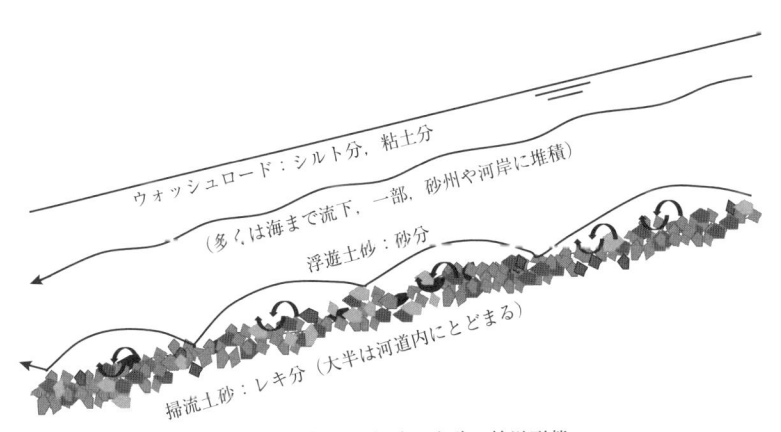

図3-35 河川における土砂の輸送形態

　河川においては輸送される土砂は，河床を転がって移動する掃流土砂，ときどき河床に接触しながら流下する，主に砂分からなる浮遊土砂，上流から下流までほとんど浮いたままで海まで到達するウォッシュロードに分けられる．

② 河道内の地形と洪水時の流下物特性

河道内の地形は主に洪水時に形成される．

中流域の河道内には州が交互に形成され，瀬（riffle）とよばれる速い流れと淵（pool）とよばれるやや淀んだ流れの連続で形成される．瀬，淵の構造は河川の生態系にとって重要な役割を果たす．

瀬や淵が交互に形成されると，流れもそれにしたがってジグザグになり，湾曲した流れの連続で構成される．ところが，流れが湾曲した部分では水面付近の流速の方が底付近よりも速いために，より強い遠心力がはたらく．そのため，水面付近で外岸向き，底付近で内岸向きに流れる二次流とよばれる断面内の流れ成分が生じ，全体の流れ自体はらせん状になる．このため，外岸部は岸に沿った下向きの流れのために細かい土砂は流失し，粗い土砂が残される．逆に，内岸部では外岸部で洗掘された細かい土砂が内岸向きに運ばれ，堆積して州を形成する．

瀬・淵構造は山岳地域の河道でもみられ，ここでは河道が周囲の渓谷の地形で定まっているために，瀬や淵の構造も，堆積物だけでなく，基盤の形状に従ったものになる．扇状地上の網状流路においては瀬や淵は形成されるが，流れが幾筋にも分かれているために，淵が形成されても水深は小さい．平野に入って勾配が緩くなると，砂州の形状は，まず，複列砂州とよばれる砂州が2列に対称に形成され，その後，流下方向に左右交互に配置される交互砂州（alternative bar）とよばれる形状になる（図3-34参照）．交互砂州が形成されると湾曲が進み，二次流も強くなって淵の水深も大きくなる（図3-36）．

瀬は，比較的平坦で，しわのような小さい波がたつ程度で，河底のレキも他のレキに埋まっているような平瀬と，その下流に位置し，急勾配で白波がたち，レキが浮いた状態にある早瀬に分けられる．瀬を通過した流れはその下流にある淵に流れ込む．ここでは，流れも緩く，河床にはより細かい土砂が堆積している．また，流下してきた落葉などの堆積もみられる．河床に州の形成された区間では，州の上流部に平瀬，州の下流端に早瀬が形成され，このような，10^1〜10^3 mのスケールをもった，一対の瀬，淵や蛇行の一区間をリーチ（channel reach）とよぶ．リーチはさらに，瀬や淵などのユニット（channel unit）に分けられる（図1-33参照）．さらに下流に淵が形成される．

洪水時においては，深い部分ほど流速が速く，河床に働くせん断力も大きいことから，大きい土砂が運ばれ，浅い場所では，浮遊土砂や有機物のみが運ばれる．また，澪筋を中心に深いところほど掘れやすい．そのため，洪水後には，澪筋を

中心に深いところが洗掘され，浅い部分では堆積が生じる．また，有機物は冠水深が浅かった場所に堆積する（図3-37）．

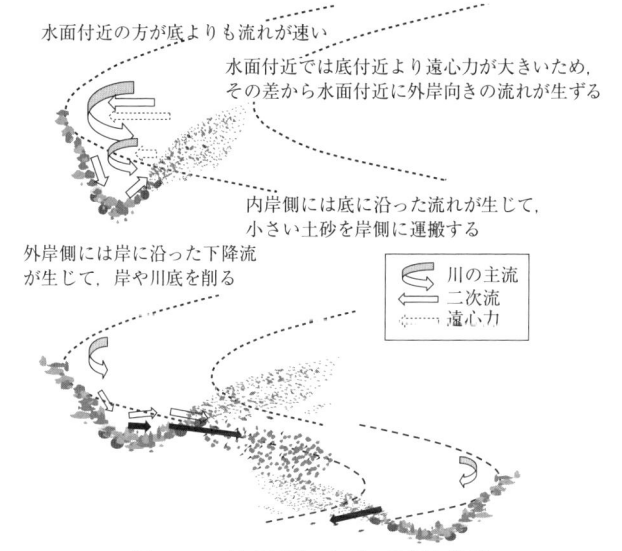

図3-36　湾曲河道における洗掘と堆積

蛇行河川のような河道は連続する湾曲部によって構成されている．こうした河道においては，外岸側は洗掘されて粗くなり，内岸側には細かい土砂が堆積する．これは以下のような仕組みによっている．

まず，河川中の流れは水面付近で流速が速く底付近で遅い．湾曲した流れにおいては遠心力が働くが，この強さは流速の2乗に比例し，湾曲の曲率半径に反比例するために，水面付近の水粒子にはたらく力の方が底付近の水粒子にはたらく力より大きい．そのため，水面付近の水はより強い力で外向きに押され，水面も高くなって底付近の水にかかる静水圧も増加する．そのため，底付近の水には，内向きの力が加わり，内岸向きの流れを生ずる．そのため，湾曲部においては，水面付近で外岸向き，底付近で内岸向きの流れ（二次流：secondary current）を生ずる．

その流れによって，底付近を流下する土砂は内岸に運搬され堆積し，また，水面付近に生ずる速い流れおよび外岸に沿って生ずる下向きの流れによって，外岸は削られる．その結果，内岸には土砂や落葉，種子などが堆積しやすく，河岸の植生や樹木は生えやすくなる．

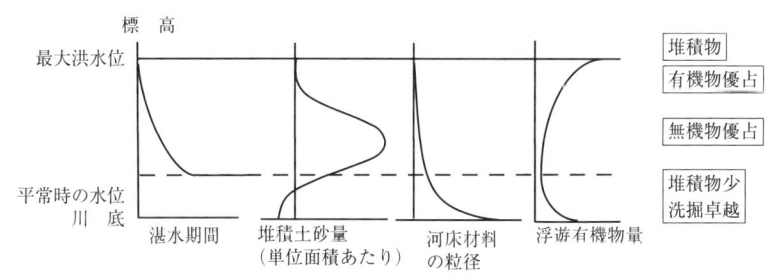

図3-37　洪水の規模と各高さにおける堆積物の性質

洪水流の水面付近では浮遊砂やウォッシュロード，浮遊有機物の割合が多いために，河岸や砂州の標高の高い部分には，細粒土砂や有機物，植物片や種子が堆積しやすい．一方，河川中央の深い部分は，流れが速いことから堆積は生じにくく洗掘されやすい．

③ 河川を流下する有機物の構造

河道内を流下する有機物は，河川における生産を支えるうえで重要な役割を果たす．有機物は上流や流域から流入するものと河道内の一次生産でつくられるもので構成される．

流域から流入する有機物量は，流域で生産され河道内に流入する有機物の総量として与えられ，しばしば河道内での生産量を上回る．

流入有機物には，流域の植生に起源をもつリターや，動植物の死骸，土壌中に堆積した分解途上の有機物や植物からの分泌物のような自然の状態で発生するものの他に，肥料や汚水など人工的な起源をもつものが含まれる．また，流入の形態も，水面に直接落下するもの，陸域から雨水の流入や地下水などによって河川内に運び込まれるものなど様々である．流入有機物の種類や量は周辺の土地利用に大きく依存する．

河川を流下する有機物（3.1（2）参照）の2/3程度以上はDOMで占められ，CPOMとFPOMを比較すると，流下量はFPOMの量の方が多い（表3-2）．

CPOMの起源は，流域から流入したリターや河道内に生えて流失した植物の枯死体，動植物の死骸などである．CPOMは分解されて細かくなり，FPOMやDOMに分類される有機物に変化する．FPOMには数 μm のサイズのものから数百 μm のものまで存在するが，実際には 20 μm 程度のものが多くを占める．その起源は，機械的，生物的作用で，粗粒有機物がより細かいサイズに分解されたものの他に，動物の排泄物，はく離した付着藻や生物膜中に含まれていた有機物，バクテリア，湖沼で発生した植物プランクトンなどが含まれる．DOMは，表流水や地下水に伴って河川内に流入する．分解途上の土壌中に堆積した有機物や植物から排出されるもの，FPOMがさらに細かく分解されたもの，脂肪酸や炭水化物，フミン質の物質の他，生命体であるウイルスなどから構成される．

河道内における一次生産の担い手は，コケ類，付着藻，大型植物，停滞した水域では植物プランクトンが主である．付着藻はなかでも最重要であり，その量は，日射量，水中のリン濃度，流速，摂餌者の量などに依存する．珪藻はこの他にもケイ素を必要とする．付着藻の量は，上流部では，樹林の葉の量の少ない春と秋に多くなる．枯死後は，河道内における原地性の有機物源となるが，多くはCPOMとして分類されるものの，生存期間中や分解過程で溶出される有機物などはDOM源にもなる．

表 3-2 河川中の有機物の特性

		大きさ	起源の例	利用者
CPOM	粗粒有機物	1 mm <	枯葉, 枝, 植物や動物の一部	破砕食者
FPOM	細粒有機物	0.45 μm ≪ 1 mm	CPOM が分解されたもの, 動物の排泄物, はく離した付着藻類, 植物プランクトン, DOM の凝集物	採取食者
DOM	溶存態有機物	< 0.45 μm	FPOM が分解されたもの, ウイルス, 脂肪酸, 炭水化物, フミン酸, 植物からの分泌物	一部バクテリア, 凝集すると FPOM と同様

河道内に流入したリターの利用

　枯葉などの大型の有機物片は, 水中においては徐々に分解され細片へと変化していく. 分解の過程においては, 分解開始後, 1〜数日の間に, 溶解性の炭水化物が溶出, DOM 源となる. この過程で当初の重量の 5〜25 % 程度が低下する.
　その後, 表面に菌類や微細な無脊椎動物が繁殖し, 徐々に細かくかつ柔らかくなる. リターの主たる成分は炭水化物であるが, こうした微生物が繁殖することで, タンパク質成分が増加, 窒素分が増加する. そのため, リターはより栄養価の高い餌へと変化する. また, 細菌の繁殖によって通常は消化されにくい物質を消化する酵素も付加され, 高等動物による消化はさらに容易になる. こうした過程のために, 微生物が繁殖したリターは, 破砕食者やデトリタス食者に好んで摂食され, 細片化が加速される.
　微生物が繁殖することで, リターの栄養化は向上し, 消化吸収される割合は数倍に上昇する. また, リグニンやセルロースなどの消化しにくい物質も, 微生物のはたらきによって中間段階の物質にまで分解された後, 無脊椎動物の体内の消化酵素で消化される. このように, 体外で微生物による消化酵素を付加されることから, 高等動物が利用可能なリターの種類も増大し, また, 消化吸収される割合も高まる. このように, 微生物の繁殖は高等動物にとっても重要な過程である.
　リターの分解に要する期間はリターの種類によって異なるが, 溶解性の物質が溶出した後, 様々な動物の働きで 2〜3 ヶ月程度の間に柔らかい物質は取り除かれ, リグニンやセルロースなどの消化しにくい物質が残留する. その後は長時間かけて機械的に分解されていく.

④ 流下有機物の利用者

　河川水中の量で比較するとDOMの量が最も多いために，河川の有機物の指標として用いられてきたBODやCODは，DOMに依存する割合が高い．ところが，量としてはDOMが多いものの，生態系の中で生物群集による利用あるいは転換率という視点でみれば，粒子状の有機物の寄与の方が大きい（3.1（2）参照）．

　CPOM，特に，河道内に流入したリターは，こうした有機物を砕いて食べる破砕食者の餌となる．また，FPOMは，河床に網を張って有機物を濾過したり，濾過用の付属器官を用いたりして有機物粒子を収集する採取食者や，濾過摂食者（filter feeder），河床の表面に堆積した有機物粒子を収集したり柔らかい土砂をもぐって収集する生物（堆積物食者，detritus feeder）などに利用され，食物資源として重要な役割を果たしている．

　FPOMを摂食する動物群集にとってはFPOM濃度が高いことが重要である．そのため，付近にCPOMを餌にする破砕食者が多いと，大量のFPOMが生成されるため，FPOMを餌とする群集の成長が促進される．また，湖沼やダム湖では流入したCPOMが細片化したり，植物プランクトンとして微細な有機物が生産される．そのために，湖沼やダムからは大量のFPOMが下流に流下し，それを利用する水生昆虫の個体数は多くなる．

　DOMの利用は限られるものの，微細なものはバクテリアに利用されたり，また，凝集して大型になったものはFPOMとして利用される．

　なお，CPOMやFPOMを利用する小型の無脊椎動物も，魚類など肉食のより大型の捕食者に食べられる（図3-38，図3-39）．

⑤ 付着藻の利用者

　付着藻類を餌とするものには，刈取食者とよばれ，タニシなどの貝類，ヒラタカゲロウなどの水生昆虫，アユなどの藻類食の魚などが含まれる．動物の餌としては，含有炭素と窒素の比が17以下のものが適している．付着藻類の場合は，おおむね，4～8程度あり，維管束植物の13程度の値と比較して低く，消化効率も高い．付着藻類の中では，珪藻と比較すると，シアノバクテリアや糸状藻類は餌となりにくく，消化効率でも，前者が78～80％程度であるのに対して，後者はその半分程度である．そのため，付着藻類が良質の餌資源となるためには，撹乱が頻繁に生じ，常に，更新されていることが必要である．

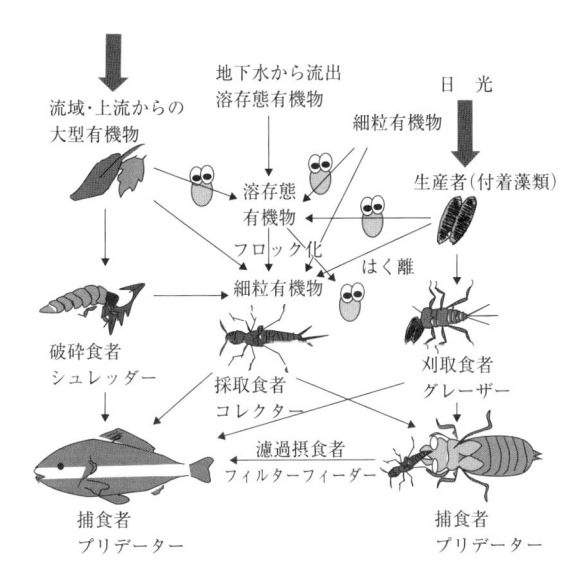

図 3-38 流域からの有機物の流入および河道内の動物群集との関係

流域からは枯葉や微細な有機物など様々な有機物が流入する．その中で，枯葉などの大型のもの（CPOM）は破砕食者に，微細な有機物（FPOM）は採取食者に利用される．地下水から流入する DOM が凝集すると，これらの底生小動物に利用可能なサイズになる．また，刈取食者とよばれる群集は河道内に発生する付着藻類などを餌とする．これらの底生小動物は肉食の捕食者に捕食され，その捕食者も魚などのより大型の捕食者の餌となる．

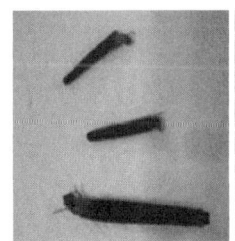

(a) カクツツトビケラ　　(b) ヒゲナガカワトビケラ　　(c) ヒゲナガカワトビケラの巣

図 3-39 破砕食者（カクツツトビケラ），採取食者（ヒゲナガカワトビケラ）の例

ヒゲナガカワトビケラは粘着性の高い網で小石を集め巣をつくり，網にかかる浮遊有機物を食べている (c)．

⑥ 栄養塩の流下過程

　河川水中に含まれる無機栄養塩類は，図3-40に示すように，一次生産者に利用された後，食物連鎖の中で，消費者に利用されたり，その死骸（デトリタス：detritus）が分解されることで再び水中に回帰される．そのため，流下する栄養塩を構成する窒素やリンの原子は水中と河底の生物体内との間を交互に行き来する．こうした現象を栄養塩のスパイラル現象（nutrient spiral）とよんでいる．

　スパイラルの波長は，水中にある期間に移動する長さ S_w と生物体内で移動する長さ S_B に分けられる．この長さは，物理化学，水文的過程や，生物に摂取される量によって変わる．溶存態のリン酸は，鉄やカルシウムと化合し沈殿しやすく，S_w が短縮される．また，洪水時には生物群集が影響を受け，生物群集に吸収される量が減り，渇水時には，河底のレキや砂の間隙を流下する伏流水の水量の割合が増加し，レキや砂の表面に吸着されたり河床のレキ表面に形成している生物膜に取り込まれる量の割合が増加する（図3-41）．生物群集の変化も S_w の値に大きく影響する．付着藻の群落は新しい間は急速に生長し，栄養塩の吸収量も多い．しかし，群落が十分に発達した後は吸収量と枯死によって回帰される量はバランスする．また，CPOMの量が多い時期の方が S_w の長さが短くなる．

　流域の農地化や都市化，河岸の植生の減少は栄養塩の河川への流入量を増大させる．そのため，水中の窒素やリン濃度が上昇し，吸収可能な量に比して流下フラックス量が多くなる．そのため S_w の長さもほぼ下流ほど長くなる．また，都市化は地表面の舗装面積を増大させ，さらに，舗装面の連続性を増す．このため，降った雨は自然地で止められることなく，河川に直接流れ込むようになる．そのため，小河川の流量変動が増加，側岸や河底の侵食と同時に，栄養塩の流入量を増加させる．これによっても S_w は増加する．

　さらに，無機態の窒素の流入量は，降雨の初期には流入が多く，また，降雨が頻繁にあると少なくなる．また，植物の活動がさかんな時期の流入量は減少する．

　無機態窒素の流入と比較すると有機態窒素の流入は，人工的な影響が少ない範囲では比較的一定である．有機態の窒素もその大きさによって，さらに，溶存態のもの（DON）と粒子態のもの（PON）に分けて扱われる．溶存態の炭素と溶存態窒素の比は8～41程度と幅が広い．しかし，粒子態の炭素と粒子態の窒素の割合は8～10とほぼ一定である．

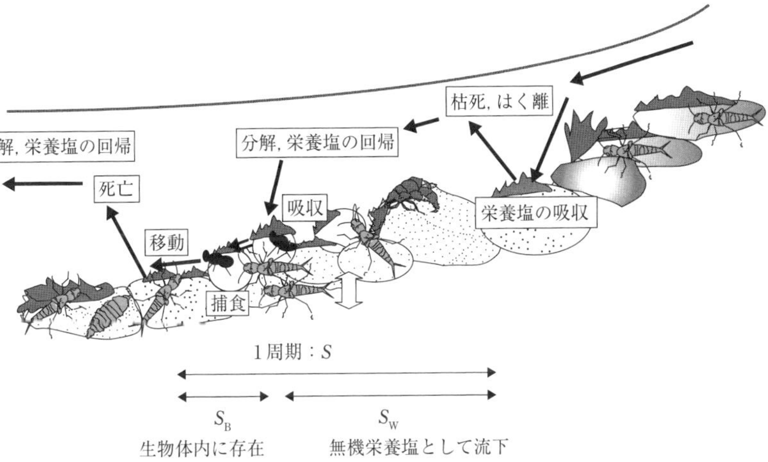
枯死，はく離
分解，栄養塩の回帰
分解，栄養塩の回帰
死亡
吸収
栄養塩の吸収
移動
捕食
1周期：S
S_B
生物体内に存在
S_W
無機栄養塩として流下

図 3-40　栄養塩のスパイラル現象

河道内では，栄養塩は植物に吸収されている期間と，植物が枯死し，分解されて水中に浮遊・溶解した状態を交互に繰り返しながら流下する．

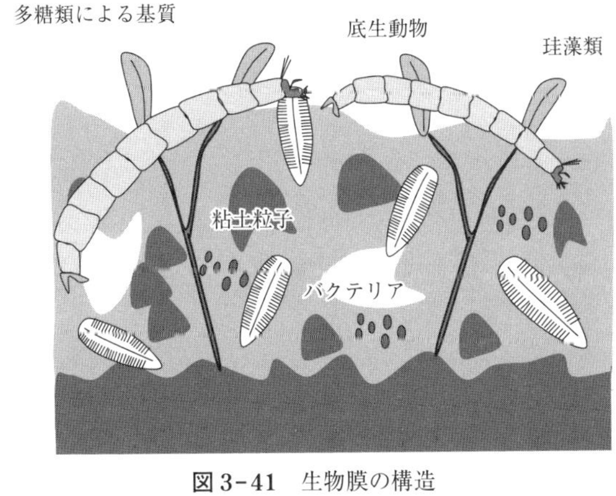
多糖類による基質
底生動物
珪藻類
粘土粒子
バクテリア

図 3-41　生物膜の構造

河床のレキの表面，大型植物の表面などには，基質の中に，粘土粒子や珪藻の死骸，底生動物，バクテリアなどによって構成された生物膜（biofilm）が形成されている．

⑦ 伏 流 水

　河川の水質や生態系にとって，伏流水（hyporehic flow）も表流水（surface flow）同様大きな役割を果たしている．

　栄養塩類に関しては，伏流水は表流水とより深い場所を流れる地下水（groundwater）や土壌間隙との間のインターフェイスとしてのはたらきを果たしているだけでなく，栄養塩を吸収するはたらきを担っている（図3-42）．

　伏流水は酸素が豊富なうえに長い滞留時間（retention time）をもつため，河川の生物群集に対しては表流水と異なった役割を担う．すなわち，酸素の豊富な水が土壌中深くまで運ばれることで，本来嫌気的な環境になるべき深さの場所においても好気的な環境が維持され，表在性の水生貧毛類，甲虫類，カワゲラ類，ムカシエビなどの微細な甲殻類や魚類の卵や若齢の稚魚の住処となる．

　河床が粗い材料でできあがっている場所の方では，微細な材料で形成されている場所に比較して，伏流水の量が多い．

　伏流水帯には洪水時や河道が変化したときに，大量のCPOMが供給される．CPOMは伏流水帯のバクテリアの生産活動に利用される．また，河道に残された木片からは徐々にDOMが溶出するため，伏流水中のDOM源になる．FPOMは伏流水帯の主要な有機物であり，その量は伏流水帯の間隙特性や流速，流下距離に依存する．伏流水帯では，DOMは土壌に吸着されたり，微生物に消費される（図3-43）．

　流域の人工的な改変は，伏流水に対して様々な影響を及ぼす．

　ダムが建設されると，流下土砂が捕捉されるために下流に供給される土砂量が減る．治水ダムの場合には洪水流量や頻度も低下する．その結果，地下水流量や伏流水の流量が減少する．さらに，流量の減少により，溶存酸素量は低下し，流下するDOMやPOMの量も減少する．

　流域の森林破壊の影響も大きい．木片の流入は減少し，浮遊する微細な土砂が増加することで，伏流水帯の厚さが薄くなり流量が減る．また，流域からの栄養塩流入量が増加し，一次生産量も増す．流域が農耕地化されると，河岸の植生が減少し，地下水の汲み上げによって伏流水帯や伏流水量が減少し，微細土砂や肥料や農薬の流入によって，底生生物（ベントス：benthos）の種類も減少する．さらに，都市化が進むと，水文特性が変わり，微細土砂，有機物量，有害物質，河床の洗掘が増加し，伏流水帯が消失したり，伏流水帯の貧酸素化が生じて，底

生生物の量や多様性が減少する．

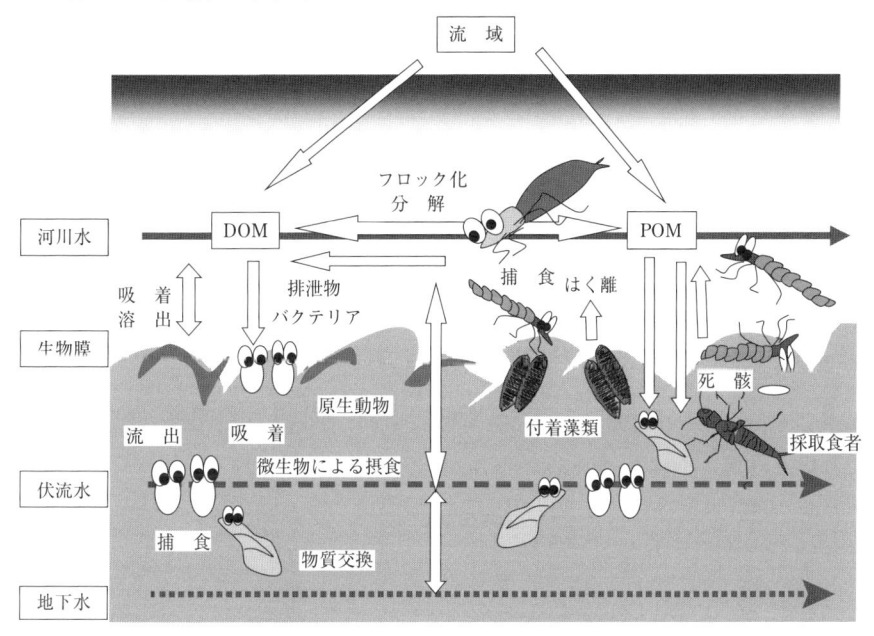

図3-42　川底付近の生物群集の関係

　溶存態の有機物の一部はバクテリアに利用されたり，凝集して大型になったものは濾過摂食者に利用される．バクテリアは原生動物に捕食される．また，FPOM は濾過摂食者の餌となる．付着藻類は刈取食者の餌となる．こうした生物の死骸は有機物源になる．また，河川水と伏流水との間には活発な交換があり，伏流水中に取り込まれた DOM はバクテリアに消費されたり，レキ表面の生物膜に吸着されたりする．このように有機物の消費は主に川底付近で生じている．

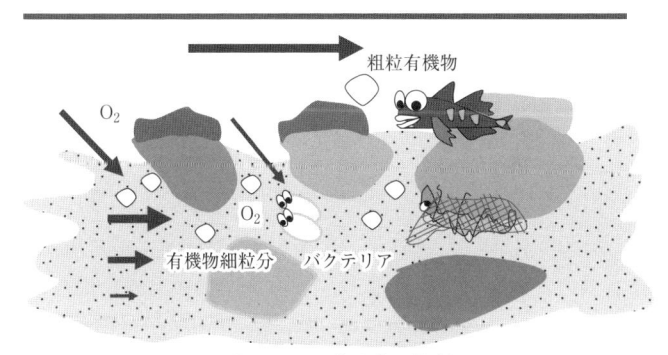

図3-43　伏流水の役割

　伏流水帯は透水係数が高く，溶存酸素濃度の高い表流水が流入するために酸素が豊富で，好気性の生物の生息が可能である．そのために，好気性のバクテリアや採取食者が生息し，有機物を利用する．河川水の浄化に大きく寄与している．

⑧ 河川生態系の階層構造

　河川は流下に従って河道の形態が大きく異なり，その影響を大きく受ける生物群集から，局所的な影響のみをうける群集が混在して生態系を構成している．そのため，流域（watershed），河川の形態が類似した区間であるセグメント（segment），一対の淵と瀬のまとまりで構成されるリーチ（channel reach），瀬，淵，州など個々のユニット（channel unit），さらにそれを構成するサブユニット（subunit）と階層構造をもったものとして取り扱われることが多い（図1-33参照）．

⑨ 河川生態の全体系の枠組み

　河川生態の全体系の枠組みを示す仮説（概念）としては，河川連続体仮説（RCC：river continuum concept），洪水パルス仮説（FPC：flood pulse concept），内生産モデル（RPM：riverine productivity model）などが提案されている．これらはいずれも生物群集を支える有機物の動態と河道内部での一次生産の形態やその量に基づいている．

a. 河川連続体仮説

　河川連続体仮説では，有機物の生産場所を上流の森林地帯に求めている．

　最上流域では，川幅は狭く，周囲の樹林に覆われている．そのため，河道内に差し込む日射量は少なく，河道内での一次生産は少ない．しかし，流域からは大量のリターが流入し，これが有機物源になる．そのため，有機物サイズは大きく，ここに棲む生物の多くは破砕食者である（3.1（2）参照）．また，河道内ではほとんど一次生産はないにもかかわらず，流入有機物量が多いために，ここに棲む生物量は比較的大きく，その総呼吸量は一次生産量と比較すると大きくなる．

　流入したリターは流下過程で利用，分解され，徐々に細かくなっていく．中流域になると，有機物は細粒になり，ここではそれを利用する採取食者の割合が多くなる．また，川幅も広くなることから日射量も多くなり，川底には付着藻類による一次生産が活発になる．そのため，流入する有機物量と流出する有機物量を比較すると後者の方が大きくなり，また，一次生産量と総呼吸量との比較では，前者の方が大きくなる．

　下流域になると流下有機物はさらに細かくなる．また，水深が大きくなることから川底まで光が届かなくなるため，河道内の一次生産量は再び減少する．

　この仮説の適応性は，上下流の連続性，あるいは流域の特性に応じて異なる．

自然河川の多い北米の河川では，上流地域での異地性の有機物の流入やサケの遡上に伴って有機物が上流に運ばれることから，河川連続体仮説の適用性が高い．しかし，もともと上流地帯に森林のない河川や乾燥地帯を流れるような河川には適用できない．また，様々な河川構造物によって過度に分断された河川は河川連続体仮説には従わない（図3-44）．

海岸の水産資源を保護するために流域の森林や魚付林とよばれる水辺林を保全する背景には，このような河川から海岸に至る有機物の経路に連続性があるためである．

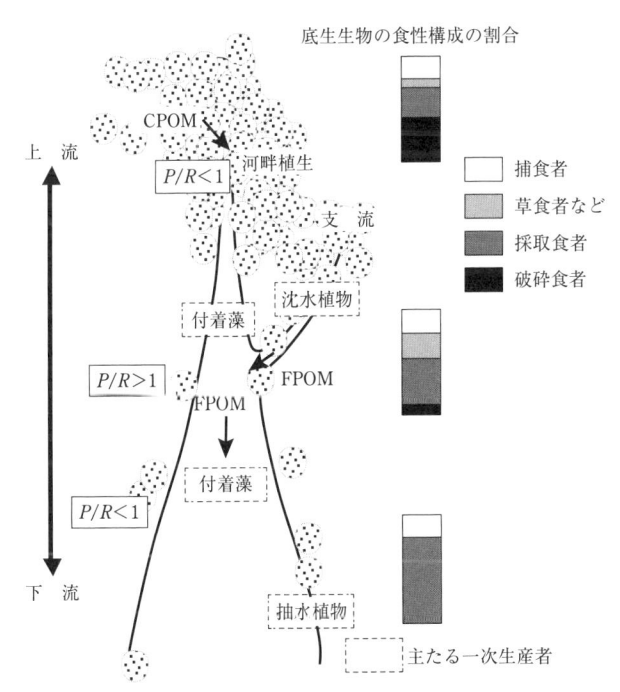

図3-44 河川連続体仮説

河川連続体仮説では，有機物源を上流の森林地域にあると考えている．ここでは，河道は狭く周囲の樹林に覆われて光が差し込まないために，河道内では生産が生じないものの，周囲から大量のリターが流入する．そのため，CPOMの割合が相対的に高くなり，また，河道の区間ごとにみると，流入有機物量が流出有機物量よりも多くなり，河道内の呼吸量は生産量を上回る．流入したCPOMは流下にしたがって，分解され細粒化される．そのため，中流域，下流と流下するにしたがって，FPOM，DOMの割合が高くなる．これらを消費する底生生物も，上流では破砕食者が，中流では採取食者の割合が大きい．

b. 内生産モデル

　有機物生産が主に上流で行われ，中流域の生産が流下有機物に依存しているとすると，中流域の動物相は採取食者が多いことになる．しかし，実際の河川では，それに匹敵するぐらい刈取食者が多い．このことは，有機物が流下有機物だけでなく，河道内の一次生産に依存する割合が高いことを示している．このように，有機物の一次生産場所を河道内と考えるのが内生産モデルである．

　わが国の河川では，流域からの過度の栄養塩の流入により，上流から中流にかけて付着藻類や水生植物が大量に発生し，上流域よりも生産性が高い．また，ダム湖や氾濫原に湖沼が形成されていたり，またその小規模な形態であるワンドやタマリといった止水的な環境が形成されている．そのため，そこから供給される植物プランクトンが下流の動物群集の餌となり，河川生態系の構造に大きな影響を与えている．さらに，河道自体が，堰やダムで細かく区切られるために，河川連続体仮説の基本となる有機物の動態の連続的な変化が途中で失われている．そのため，わが国の河川の場合，河川連続体仮説よりも内生産モデルの方が適用性が高い（図3-45）．

c. 洪水パルス仮説

　流域の勾配が急なわが国の河川では，アマゾンやメコン下流域のように季節的な洪水によって長期間広大な氾濫域が形成することはない（図3-46）．しかしそれ以上に，わが国の多くの大河川では高水敷と低水路をもった複断面水路がつくられる．この場合，高水敷が洪水による冠水の頻度が極端に少なくなってあたかも陸域のように変化し，ここが冠水した場合には大量のリター（有機物）が低水路に運び込まれる．大型のリターは，河底のレキや植生，ダムや堰，橋脚などの人工構造物に捕捉されるものも多く，ここで動物群集の餌としても利用される．このため，河川自体の連続性が絶たれたわが国の河川においては，洪水パルスによる流域や河川敷との間での有機物や栄養塩交換の重要性は高い．

　しかし，一方で，わが国の多くの河川では流下に要する期間は1日程度であり，流入した有機物の多くは，洪水時にそのまま海まで流下する．

d. 仮説相互の関係

　これらの仮説はことばを変えれば，河川連続体仮説では河川の上流・下流の連続性を，洪水パルス仮説では横断方向の連続性を，また，内部生産モデルでは河床における生産と水深方向の連続性を考えたものということができる（図3-47）．

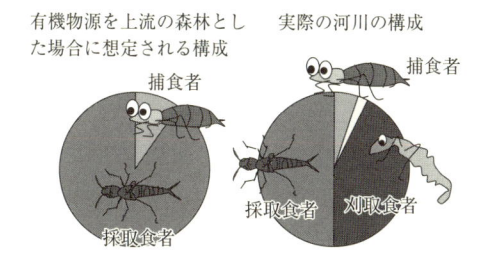

3.2 河川生態系の特徴と開発の影響 125

図3-45 内生産モデル

　有機物生産が主に上流で行われるとすると，中流域の動物相は採取食者が多いことになる．しかし，実際の河川では，それに匹敵するぐらい刈取食者が多い．このことは，河道内の有機物が流下有機物だけでなく，河道内の一次生産に依存している割合が高いことを示している．このように，有機物の一次生産場所を河道内に求めているのが内生産モデルである．

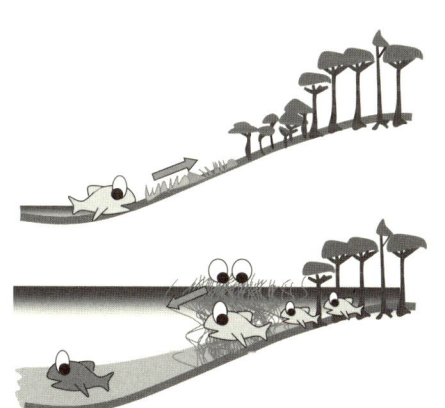

図3-46 洪水パルス仮説

　洪水パルス仮説では，洪水時に湛水した場所から有機物が流入するとしている．数ヶ月にわたる雨季に広い範囲が湛水する河川では，乾季に生育した植物が大量に河川に流入する．

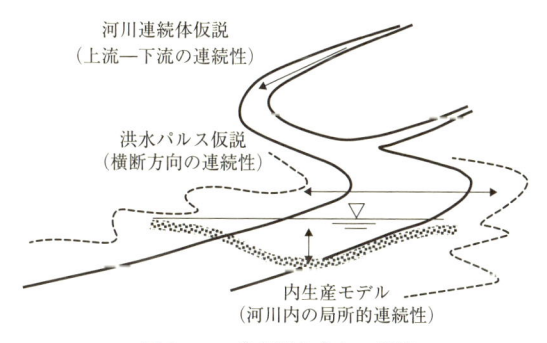

図3-47 各仮説どうしの関係

　河川連続体仮説では河川の上流・下流の連続性を，洪水パルス仮説では横断方向の連続性を，また，内部生産モデルでは河床における生産と水深方向の連続性を考えたものということができる．

（2）ダム建設と下流河川

① ダム建設による下流河川特性の変化

ダム建設は河川に大きな影響を及ぼす．河川の重要な特性である，河道の安定性，水温の変動，連続性，CPOM と FPOM の比，生物多様性は，ダムが建設されると，流下方向に図 3-48 のように変わる．

河川は，上流地域ではV字渓谷に沿って流れるため極めて安定であり，下流では蛇行河道が発達しゆっくり変化する．一方，中流域では網状の砂州が発達し，頻繁に河道の形状が変わる．しかし，中流域にダムや堰などの河川横断工作物が建設されると，河道の自由な変動が抑えられるため，河道が安定になる．

河川の水温は，上流地域では，周辺の樹木で日射が遮られるため水温変動は少ない．中下流では，日射や気温，流入支川の水温の影響を受けて水温の変動が大きくなる．しかし，ダムが建設されると流入水はダム湖の大量の水で希釈されるため，水温の日変動は消失する．また，湖内には安定な水温成層が発達するものの，通常取水位置は一定であるために，下流の河川にはその深さに応じた一定の水温の水が供給される．季節的には，夏季には，表層から放流が行われる場合には本来の河川水温よりも高くなり，中層から放流が行われる場合には低くなる．また，冬季には，ダム湖内の大量の水の冷却に時間がかかるために，ダム湖内の水温は流入水温よりも高く，下流にはダム建設以前よりも暖かい水が放流される．年間を通じて水温変動が減少する．

自然河川の上流域では水量が少なく渇水が続くと連続性が維持できなくなる場合も存在するものの，中下流域ではおおむね連続性は維持されている．しかしダム建設後は，上流域はもとより中下流域においても河川の連続性が失われる．

上流域では流域のリターが流入するため，流入有機物も CPOM の割合が高い（3.2（1）参照）．中流域では河道が不安定なために，河岸の植生は少なくリターの流入は少ない．そのため，上流から流下した細分化された有機物の割合が増加する．ところが，下流域の蛇行流路では，蛇行の進行には植物の生育よりも長い時間が必要なために，高い土壌水分を利用して河岸に樹林帯が形成される．そのため大量のリターが流入，河道内の有機物粒子の大きさは再び大きくなる．リターの流入の多い上流地域にダムや堰が建設されると，河道内に流入したリターはダムに捕捉され，下流への粗粒有機物の供給はなくなる．また，ダム湖内に発生する植物プランクトンが下流に放流されることから，下流における細粒有機物の割

合が増加する．しかし，河道の変動が激しく，河岸植生が少ない中流域にダムが建設されると，河道が安定になって，河岸に植生帯が発達したり，砂州の樹木が増加して，リターの供給源になる．そのため，粗粒有機物の割合が増加する．

下流にダムや堰が建設された場合には，河岸の植生起源の粗粒有機物はダム湖内で沈降するために下流に流下する量は減少する．

上流域では水中の栄養塩濃度が低いことから生産性が低く，生息する生物も貧栄養なところに棲む生物に限られ，種類数は少ない．しかし，流下とともに水の富栄養化が進むと一次生産量が多くなり，生物の数や種類数は増加するものの，全体に占める優占種の割合は増加する．中流域では撹乱が大きく，河岸の植生の発達は相対的に低下，砂レキ河道では十分な有機物が供給されないことから，生息する生物の数や全体の種類数は低下する．しかし，撹乱を好む種は増加する．下流では河道が安定するため，河岸の植生が増加し種類数は再び増加する．ダム建設は川の上下流を問わず河道を安定にすることから，生息空間の複雑性や変化が失われて単純化する．そのため，いずれの場所にダムが建設されても生物の多様性は低下する（1.6（4）参照）（図3-48）．

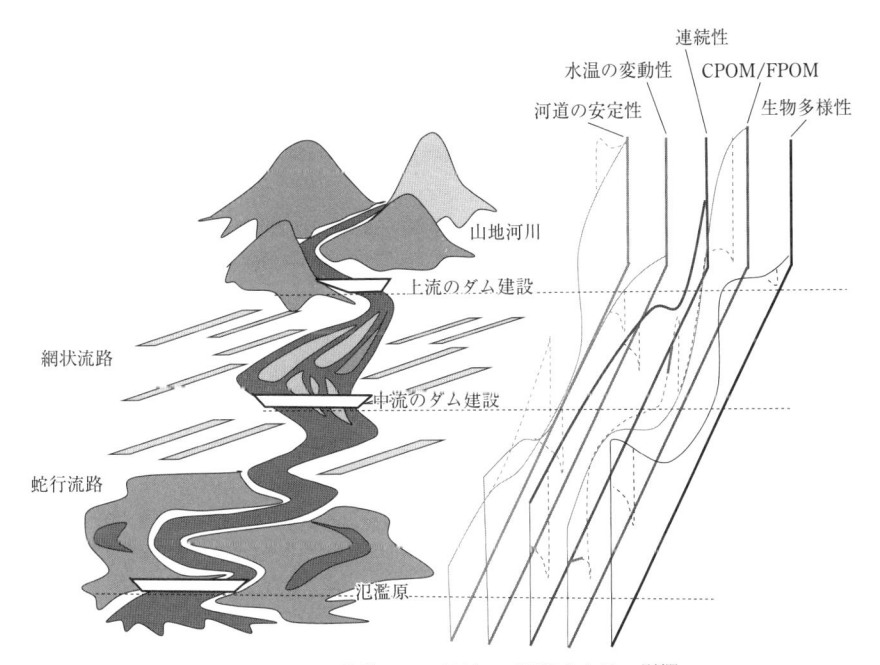

図3-48 ダム建設による河川の不連続化とその影響

② 下流の河床材料の変化と生物に与える影響

　洪水調節を行うダムは，洪水時の流量の一部を取り込むことでピーク流量を減らし，下流で洪水流が堤防を越水することを防止している．そのため，下流においても洪水時のピーク流量が減少する．また，ウォッシュロード以外のすべての流下土砂はダムによって捕捉され，下流には供給されなくなる．そのため，下流河道内において河床の構成材料が変化し，生物の生息環境を変える．

　ダムの下流河床ではもともと存在していた砂や細レキは徐々に流失していくため，洪水時にも流失しない大きいレキや岩のみが残される．こうした大型のレキや岩は洪水時でも移動しにくく，また，粗い土砂が表面を覆うと，その下の土砂の動きも停止する．こうした現象を河床のアーマコート化（armoring）とよぶ（図3-49）．

　レキ表面に生育する付着藻類も陸上で行われる遷移と同様，通常，背の低いものから高いものへと徐々に遷移している（図1-35）．その途上で洪水時の強い流れや砂粒子によって背の高い藻類がはぎ取られることがあると，ギャップが形成されて光環境が改善され，再び背の低い種に入れ替わる．ところが，ダムが建設されると，下流で付着藻類がはぎ取られることがなくなり，レキの表面は，背の高い糸状の藻類に覆われるようになり，表面に張り付く珪藻類は少なくなる．糸状藻類は生物量も大きく，枯死後にははく離して有機物粒子として下流に流下する．したがって，ダムが建設されると，ダム湖内で発生する植物プランクトンが流下するのと同時に，付着藻に起因する有機物粒子の量も増加する（図3-50）．

　このように，ダムが建設されると，餌資源や生息空間が変化し，FPOMを餌とする採取食者が増加する．また，石表面が糸状藻類に覆われるためにレキの表面を走り回って小型の付着藻類を食べる種が減少し，糸状藻類に影響されない種が増加する．

　砂や細かいレキで構成される河床は，容易に穴を掘ることができるため，ここを産卵床にする魚は多い．ところが，ダムが建設され，細粒レキが供給されなくなり，アーマコート化が進行すると，こうした魚の産卵場所が消失する．また，河床が基盤で覆われると，小動物が捕食者から逃れたり，洪水時に隠れるレフージが失われる．ただし，これは砂分が多すぎてレキが砂に埋もれてしまって間隙が失われることでも生じる．適度な粒度分布をもったレキで河床が覆われていることで，住処の多様性ができあがっているのである．

図 3-49 レキが流失した河床

　ダムが建設されると土砂が下流に供給されなくなるため，徐々に河床の土砂が減少し，河床の表面に流下しにくい大型のものばかりが残されたり，場合によっては移動可能な土砂は流下してしまって基盤が露出する．基盤の表面は削られて滑らかになるため，いったん，これが露出すると，レキは堆積しにくくなり，平滑な河床になって生態系としても劣化する．

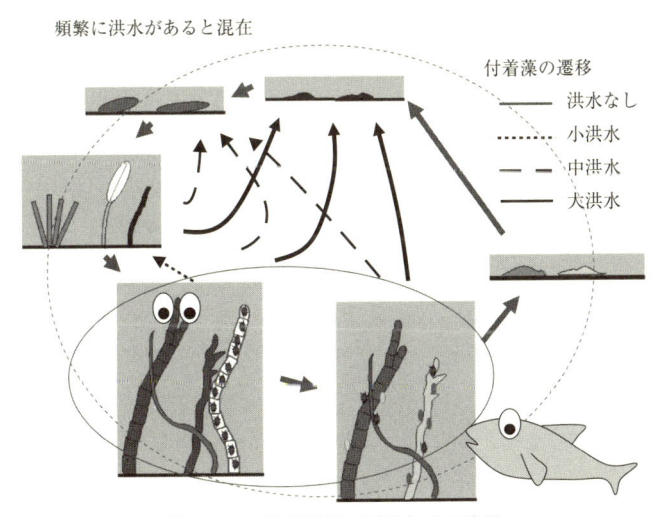

図 3-50 付着藻類の更新とダム建設

　河床の付着藻群落は，0.5～1ヶ月程度をかけて，背の低いものから，背の高い糸状藻類に遷移する．また，この間に頻繁に洪水攪乱があると，背の高い糸状藻類が除去され，攪乱の強度に応じてそれまで辿ってきた段階に戻る．そのため，頻繁に様々な規模の洪水攪乱があると，多様なな藻類の共存が可能になる．ところが，ダムが建設されると攪乱の頻度や規模が減少し，付着藻類をはぎ取る浮遊砂も流れなくなることから，背の高い糸状藻類の段階で安定になる．

③ 下流河岸，砂州の草原化・樹林化

　洪水調節を行うダムの下流では，洪水時の流量が軽減することから，砂州や河岸にも影響を及ぼす．

　陸生の植物は一般に冠水が続くと生育できない．また，頻繁に冠水する砂州や河岸の土壌は粗く，水分量が少なく貧栄養で，特に窒素分に欠ける．このため，頻繁に冠水する場所では大規模な植生群落は発達しにくく，洪水攪乱依存性の種も生育できる．ところが，上流にダムや堰が建設されると状況が一変する．

　ダムによって洪水時の流量が小さくなると，砂州や河岸の冠水頻度が減り，また，冠水時の水深や流速も小さくなる．また，ダムで流下するレキが捕捉されるため，砂州が洗掘されたり，レキが堆積することが少なくなって河道の地形が安定化，植生は生えやすくなる．ところが，ダムや堰が建設されても，洪水時には微細な土砂は流下，減水期に比高の高い場所に堆積する（図 3-51）．また，冠水頻度が少なくなると，陸生の草本植物も侵入しやすくなり，冠水時に微細土砂や浮遊有機物を捕捉する．そのため，土壌はさらに微細化し，土壌水分量や有機物量は増加する．砂州や河岸の比高が高くなる一方で，澪筋部はレキの供給がないために洗掘されやすく，流路が澪筋部に固定されて，さらに洗掘が進む．そのため，比高が高い場所の冠水頻度はさらに減少する．

　このため，ダムや堰が建設され，洪水流量が減少すると，下流の砂州や河岸には以前と比較してより多くの植物が繁茂することになる．また，植物相も，はじめは生物量の小さい 1 年生の草本類主体であるが，徐々に生産量の大きい多年生植物の群落に遷移し，その後は草本群落だけでなく木本類も含む群落に遷移する（1.7（1），図 1-35 参照）．冠水頻度が低下した場所には，この途上でクズなどの窒素固定細菌と共生する種が侵入することが多く，土壌の窒素濃度が上昇，植物量をさらに増加させる（図 3-52，図 3-53）．

　樹林化の防止対策は，砂州上に掘り込みを入れて洪水時に流出しやすくすることや，伐採するなどの方法がとられる．しかし，十分生育した樹木は根を張っており，容易には流失しない．また，倒木や伐採した樹林からも多くの萌芽を生ずるため，幼木のうちに抜き取ることが最も効率的な対策である．

　なお，ダムの建設で下流河川の樹林化が促進される現象は必ずしも一般的ではない．雨の少ない地域では，ダムが建設され下流河川の流量が減って砂州や河岸の地下水位が低下し，土壌水分が不足して樹林帯が消失することもある．

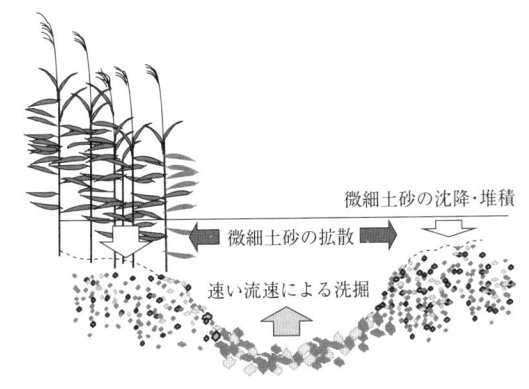

図 3-51 横断面内での土砂の移動

横断面内で深い部分は流速も速く,細粒土砂は流失し,粗い土砂で覆われる.浅い場所には,深い場所を流下してきた微細土砂が拡散し,堆積する.そのため,土壌が砂粒化し,植物が生えやすくなり,植物が生えるとさらに多くの細粒土砂を捕捉する.土壌がさらに砂粒化することで,植物量はさらに増加する(図 2-17 参照).

図 3-52 空中窒素の固定による窒素供給

ニセアカシアやクズなどのマメ科植物の多くや,アキグミやハンノキなどは,大気中の窒素を利用可能な形に固定する根粒菌や放線菌と共生を行い,窒素を取り込むことから,植物体内の窒素濃度も高い(図 2-11 参照).こうした窒素は,落葉とともに土壌表面に堆積し,分解されて土壌に供給される.本来は貧栄養な河道内の土壌の富栄養化が促進され,他の植物の侵入も可能となり,植物量が増加する.

図 3-53 樹林化した砂州(黒部川の例)

扇状地を流れ,富山湾に注ぐ黒部川は,かつては砂レキ河原で覆われた河川であった.しかし,上流にダムが建設され,ダムに堆積した富栄養な土砂が排出されて下流の砂州の富栄養化が進み,急激に植生で覆われることになった.そのため種の多様性指数は上昇したものの,洪水攪乱依存性の種は減少した.

④ 水中を移動する動物に対する影響

ダムや堰など河川を横断する構造物は，回遊魚（migratory fish）や河川に沿って上下する動物群集にとって大きな障害となる．

川と海の間の回遊を行う魚（通し回遊魚，diadromous fish）には，サケや降海型のウグイのように川で産卵孵化の後，生活環の大部分を海で生活し，その後川に戻って産卵する遡河回遊魚（anadromous fish），ウナギやアユカケ，ヤマノカミのように普段は川で生活し，海で産卵，誕生した幼魚が川をさかのぼる降河回遊魚（catadromous fish），アユ，ウキゴリ，ヌマチチブのように，普段は川で生活し，生活環の一部で産卵に関係なく海に降りて，再び川をさかのぼってくる両側回遊魚（amphidromous fish）がある．

ダムや堰は回遊の妨げとなるために，ダムが建設されると，海の代わりにダム湖を利用するようになるものも多く，こうした現象を陸封（landlock）とよんでいる．

河川に建設される横断構造物は回遊魚類に影響を与えるだけではない．一部の水生昆虫は，幼虫期に流されて流下するのを補うために，親になると川の水面上をさかのぼって産卵を行う．こうした現象はコロナイゼーションサイクル（colonization cycle）とよばれている．ところが，成虫の移動は水面上数 m 以内の高さで行われるために，途中に堰などの高い構造物があると移動が妨げられ，個体群は上下流で分断されることになる（図 3-54）．

魚類やその他の水中生活者に対しての対策として，様々な形状の魚道が建設される（表 3-3）．しかし，流速が速い場所が魚道の入口以外にあることから，遡上してきた魚が魚道の入口を発見できない，流速が速すぎて魚道内を遡上できない，暗渠になっていて魚が遡上行動を停止してしまう，魚道の入口部が洗掘されて魚道との間に段差ができてしまっている，魚道自体が土砂で埋まってしまっている，水深が浅すぎて魚道内の魚が鳥などに捕食されやすくなっているなどの理由から，十分に機能しない場合も多い．様々な魚を遡上させるには，それぞれの種特有な水深や流速が存在することから，異なる形状の魚道を複数建設することが行われる．堰の流量を変化させることで，上流の水位を変化させ，魚道の流動を調節することも考えられる．

⑤ 流下土砂の捕捉と海浜や砂浜の減少

ダムにより河川を流下する土砂が減少すると，海岸に供給される土砂が減少，

海浜が浸食されたり，海岸の砂丘が消失する．そのため，海浜や砂丘の生態系が失われるだけでなく，津波や高潮の被害も受けやすくなる．

図 3-54　河川を上下する動物群集に対するダムの影響

ダムや堰は，回遊魚や昆虫類など様々な動物の移動を阻害する．幼虫期を水中で過ごす昆虫類も幼虫期に下流に流されるために，成虫になると上流に向かって遡上する．こうした成長に伴う移動はコロナイゼーションサイクルとよばれる．しかし，低く飛行するため，堰を越えることができない．

表 3-3　魚道の種類

魚道の種類	特　　徴	形　式
プール式	水路の中に仕切りを入れて湛水域を設けた魚道	越流式，バーティカルスロット式，潜孔式
ストリーム式	傾斜をつけた水路	デニール式など
多自然型迂回水路	自然の川を模してつくった迂回水路	せせらぎ水路など

堰によって分断された河川において，生物の遡上を可能にするために魚道が設置される．

様々な形をしている水生昆虫

　河川には，粗粒有機物（CPOM）や細粒有機物（FPOM）を利用する様々な水生動物がいることを説明した．水生動物の種類は大変多く形態や食性も様々である．例えば，河川の流れの速い場所で石の上をすばやくはい回っている昆虫類は，水流への抵抗を少なくするため体が扁平である．しかし，水の流れの遅い場所では砂や葉でつくった大きな巣を背負った水生昆虫が歩いている．水の流れが遅いので，体を平たくしなくともよいことが原因と考えられる．水に乗って流れてくる有機物を濾すために，レキとレキの間に上手に網を張るタイプの水生昆虫がいる．レキにしっかりと固着して，自分のもつ濾過器を利用しているものもいる．一見似たようにみえる水生昆虫でも，肉食のタイプはしっかりした顎をもっているが，堆積物を食べているタイプは肉食者ほど強力な顎をもっていない．一口に水中といっても，場所ごとの流れの強さ，水深は様々で，かつ食性も違うため，水生昆虫は様々な形態をしている．

（3）護岸や複断面河道の影響

① 護岸と河道の直線化

　河岸は陸域と水域の接点であり，水域，陸域両方を必要とする生物群の生息を可能にする空間であり，また，陸上の生物と水生生物の接点の場でもある．また，河岸にはヨシやガマなど背が高く生産力の大きい抽水植物群落もできやすく，流入栄養塩の捕捉，栄養塩の循環の促進，小型の動物の捕食者からのレフュージの確保など，生態系の維持に大きな役割を果たしている．ところが，人工的に建設される護岸は，単調で水密性が高く，表面も滑らかであることから，複雑な河岸が本来有していた多くの機能が失われる．

　また，護岸は一般に河道の蛇行の湾曲度を減らし，河道をより直線化している．そのため，二次流は弱くなり，淵が浅くなり，湾曲の内岸側の堆積も減少する．そのため，水深の分布が単調になり，交互に形成していた連続した淵や瀬の構造が消失する（図3-55）．

② 複断面河道

　わが国の大河川の多くは，平水時に水の流れる低水路と洪水時に水位が上昇した際にのみ流路となる高水敷という二つの高さの場所が存在する複断面水路（compound channel）の形状をもっている．高水敷の役割は，洪水時に流れを制御して，洪水流が堤防に直接衝突することを回避すること，平水時に河川内をグラウンドなどの目的で利用しやすくすること，などである．ところが，この構造では，低水路は常に湛水し，高水敷は平常時は陸域になっている．また，洪水時に高水敷が冠水すると，河川水が運搬してきた微細土砂が高水敷上に拡散し，低水路近傍を中心に堆積して自然堤防を形成する．この堆積土壌は水分が豊富で肥沃なことから，短期間に草本群落が形成され，その後ヤナギなどの木本群落に遷移する．近年では，高水敷の端を掘り下げ，ここに大きな段差をなくしたり，緩やかな斜面にする改良がなされる場合も多い．また，高水敷を切り下げて，毎日冠水させて湿地環境を創出することも行われ，さらに，河道の断面全体を連続的に変化する船底形にすることも考えられている．

　こうした改良は，水際部の連続性を高め，冠水頻度を増加させて，生息域の多様性を増す．多くの生物種の生息空間をつくりあげると同時に，水際部に形成される植生群落によって水質浄化機能も高めるなどの効果もある（図3-56）．

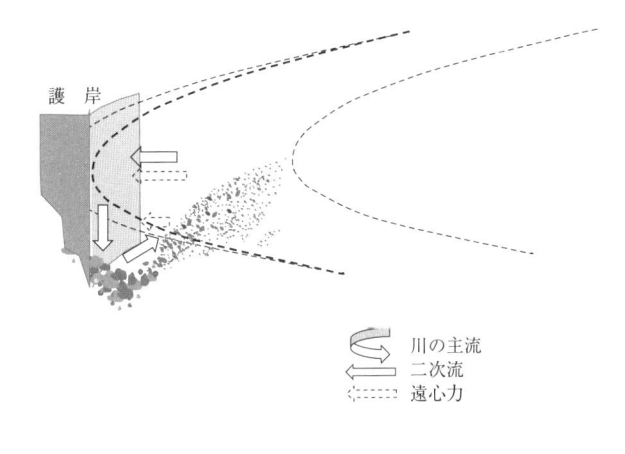

図3-55 護岸の影響

護岸は水衝部に建設され,河道のわん曲が緩和されより直線化する.そのため,二次流の強度が弱まり,淵が浅くなり,瀬も消失しやすく,徐々に一様な断面に変化する.しかし,もともと直線性が強い場合には,護岸近傍がより加速され,護岸に沿って局所的な洗掘が生じ,流送土砂量が少ない場合には洗掘された場所が上下流に拡大する.

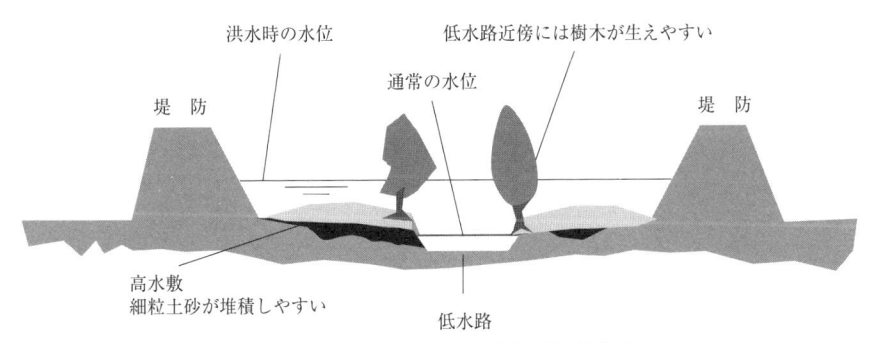

図3-56 複断面河道による低水路岸の樹林化

複断面河道は河川敷による堤防強化や高度利用のためにつくられるが,高水敷に土砂が堆積しやすく,特に低水路岸に樹木が生えやすい.そのため,河川を攪乱の少ない河道に変え,低水路岸の樹木によって,洪水時の流れが低水路と高水敷に分断され,流下能力にも支障をきたす.

(4) 堰による影響

河川横断工作物は，取水や下流への土砂の流下を止める目的でつくられ，堤体の高さが 15 m 以上のものはダム，以下のものは，堰や頭首工とよばれる．堰は，高さが低く，砂防目的のものは上流部がレキで埋まるように設計されている．この場合，堰上流の勾配はもとの河床勾配よりも緩くなる（図 3-57）．そのため，大型のレキはその上流でとどまり，堰の下流には，均一な小型のレキのみ流下し堆積する．また，堰上流は，水面幅が広がり，浅く一様な水深になる（図 3-58）．堰が連続して建設されている場所では，堰を通過するごとにレキ径が小さくなるため，下流の河床材料は，河床勾配や流量によって定まるレキ径に比較して小さくなる．ところが，大型の土砂がなくなって粒度分布の幅が小さくなると，河道断面は平坦になり，川底も単調なものになる．

堰によって流れを河道の中央に集中させるために，堰の中央部を一定の高さに切り下げられることも多い．しかし，これによって河道の自由な蛇行が妨げられ，瀬や淵が形成されていた下流の河道断面も一様になる場合が多い（図 3-59）．

洪水調節ダムは洪水時の最大流量を減らす．そのため，本来その河川を流れていた洪水時の最大流量は少なくなり，レキは以前と比較すると動きにくくなっている．また，河道が拡幅されると，水深が小さくなり，レキの移動は妨げられる．洪水時に大量のレキが流入しても，それに見合った流量があれば，流入したレキが移動して，河道内に多くの州や淵がつくられる．ところが，流量が相対的に少なく，レキの移動量が少なくなると，淵が埋まり，平坦な河道になる．

このようにして，川底が単調になり，瀬や淵が失われた区間は，魚の生息に適さなくなる．そのため，多くの河川で，堰の近傍は不良漁場となっている．

堰の影響は，生物の生息空間としての悪化にとどまらない．下流にレキが供給されなくなることで，河床が洗掘され，基盤が露出したり，橋脚が露出したりすることも多く，また，河道内で流路と河岸や砂州との間の標高差が増大し，河岸や砂州の冠水頻度を減少させることもひき起こす．

砂防堰堤も周辺の環境を一変させる．砂防堰堤がつくられる場所は土砂の流入が多いために，砂防堰堤の多くは，土砂で埋まる．一方，堰堤には水抜き穴が設けられていることも多く，その場合，流水は土砂の間隙の中を流下し，表面を流れることはなくなる．また，水抜き穴と下流の下床との間には高低差が生じるため，河川の連続性が消失する．

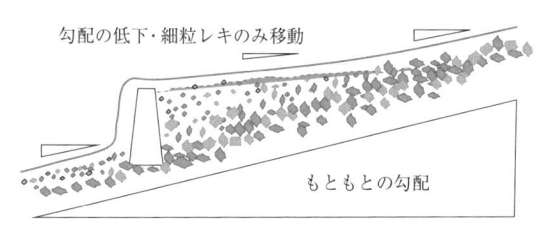

3.2 河川生態系の特徴と開発の影響　137

図 3-57　堰による河道形状の変化

堰は土砂で埋まる構造でつくられる．しかし，堰が土砂で埋まると勾配が緩くなるため，細レキしか流下しなくなり，また，堰の上流には水深の一様な幅の広い水域が形成される．

(a) 堰で広がった水面　　　(b) 本来の河道

図 3-58　堰上流の水面

堰上流では堰に土砂が堆積するために勾配が緩くなり，水面の幅が拡大し，水深が平坦になる．瀬や淵は失われる．

図 3-59　堰による河道断面の一様化

堰では，中央部を一定の高さで切り下げられることが多く，本来，瀬や淵が形成されていた下流の河道断面を一様化する．

3.3　ダム建設に伴う周辺生態系への影響

　ダム建設は，河川を流下する流量や物質の量や質を変化させることから，河川下流域の環境を著しく変化させるだけでなく，渓流や山腹の斜面を広い範囲で変質させることから，近傍の生態系にも大きな影響を及ぼす．

（1）原石採取や掘削による影響

　ダム建設には，計画に応じて，斜面や尾根部の山腹表面の土壌がはぎ取られ，その下の岩盤が砕かれて骨材として利用される．ところが，急斜面の場所は腐葉土が堆積しにくい場所であり，一度はぎ取られると腐葉土が再び堆積し，その上に原植生が再生するためには長い時間がかかる（1.7（1）参照）．そのため，こうした場所は裸地のまま残されて景観上の支障をきたすことが多く，植生が変化したり，動物の移動の妨げになったり，生息空間や餌場が失われることもある（図3-60）．

（2）渓流に対する影響

　ダムが建設されるような上流の山岳地域では，尾根が日射を受ける陽性の環境なのに対し，沢や渓流は日射を遮られた陰性の環境を備えた場所である．沢や渓流は，岩や巨レキや淵で構成され，多様で貴重な生息空間である．樹木などにより外部から遮蔽されていることから，渓流を住処とする破砕食性の底生生物や両生類など渓流を生息空間とする生物の住処である．また，このように樹林で覆われていることは，空から獲物を狙う捕食者から身を隠しやすく，様々な陸上動物が移動したり，水飲み場や餌場として頻繁に利用する場所でもある．

　ところが，こうした場所はダムの建設によって水没するだけでなく，建設時の掘削で発生する土砂の捨て場に利用されることも多い（図3-61）．さらに，建設に伴ってつくられる道路は，渓流に沿ってつくられるために，山の斜面と渓流を分断する．ダム建設などの大型土木工事の際には，その工事にかかわる場所だけでなく，こうした副次的に改変される場所が多くを占める．こうした場所を可能な限り少なくすることが求められる．

　ダムの建設場所となるような山間の谷には，昼間は谷風，夜間には山風が吹き，1日のうちでも風向の変化する気象ができあがっている．ところが，貯水池が形

成されることで山谷風は遮断され，広い開放水面による濃霧の発生頻度が高まるなど渓流の環境を一変させる．こうした気象条件の変化は，単に物理環境だけでなく植生や動物群集にも大きな影響を及ぼす．

図3-60　原石採取後の山の斜面

　ダム堤体のコンクリートに用いるために，近郊の山の斜面から原石を採取することが多く，その跡には山の地肌が露出する．最近はもとの状態に復元されることが多いが，急斜面で腐葉土が堆積しにくく，再生には数十年を費やすことになる．

図3-61　ダム建設時の土捨て場

　ダム建設の際には，運搬コストを下げるために，余った土砂が支流の渓流に捨てられることが多い．そのため，ダムによっては本来湛水しない周辺の渓流の生態系も失われることになる．

（3）湛水による影響

ダムによってつくられる貯水池は河川に沿っているため，山林内の長い距離を分断することになる．そのため，直接湛水する場所に生息していた動植物に影響を及ぼすだけでなく，周辺を生息域とする動植物に対する影響も大きい．特に，湛水によって個体群が分断されると，遺伝子劣化のリスクが増大する（1.6（5）参照，図3-62）．

動物の生活史の中では，移動は，行動圏（home range）そのものの季節的，時間的な移動，動物の成長に伴う分散独立行動からくる移動，繁殖活動による移動，産卵や摂餌のための水辺への一時的移動の他に，捕食者から逃れるためにも行われる．そうした中で，日常の移動は行動圏の中で行われ，日常の移動は比較的決まったルートで行われている．そのため，この移動ルートがダムによる水没や道路建設で遮られると動物の行動に大きな影響を及ぼす．

事前調査で動物の移動経路などを明確にしておき，移動が阻害されたそれぞれの動物に合った適切な復元対策を行うことが重要である．

（4）外来種の持ち込みや貴重種の持ち去り

ダム建設に伴って，それまで比較的隔絶していた場所に，道路や様々な施設が建設され，多くの人が出入りするようになる．そのため，ダム建設自体による自然の破壊だけでなく，もともとそこには生息していなかった種が外部からもち込まれる可能性が増大する．これには，意図的にもち込まれる場合だけでなく，その流域に棲んでいる種に混ざって混入する場合もある．特に，新しく貯水池が出現することから，スポーツフィッシングを目的としたオオクチバスなどの外来捕食魚がもち込まれることは多い．

周辺地域に関心が高まることは，それまであまり人目に触れることのなかった貴重種の存在が多くの人に知られることになる場合も多く，そうした種が愛好家によってもち去られる危険も増大する．

（5）建設時の影響

ダムの建設時には，一時的ではあるが，大型の重機が多数稼働されるだけでなく，運搬用のトラックが頻繁に往来し，また，掘削や岩の破砕に伴う濁水の発生，コンクリート打設による水質のアルカリ化など，様々な変化が生ずる．こうした

影響は周辺の様々な動植物に多大な影響を与える．食物連鎖の上位に位置する動物の場合，行動範囲が大きく，生息場だけでなく，広い範囲の餌場の確保が必要であり，影響はいっそう深刻である．特に，猛禽類の場合，繁殖力が弱く，建設時に営巣を停止して，ダム完成後もそのままいなくなる場合も多い（1.6（6）参照，図3-63）．

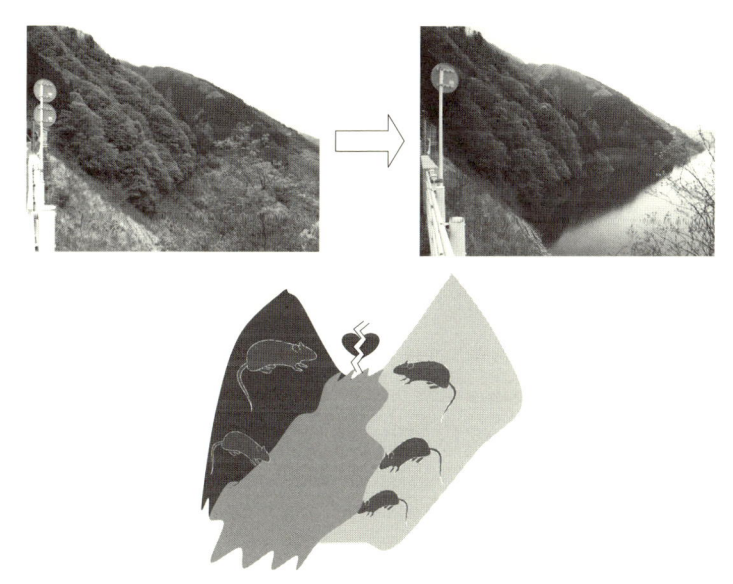

図3-62 貯水池による個体群の分断

ダムが建設されると，渓谷が細長く水没する．そのため，それまで陸続きで行き来のあった陸上生物の個体群が分断され，個体群の規模が小さくなる．そのため，遺伝子の劣化を招く．

図3-63 ダム建設時

ダム建設の間は多くの重機が稼働し，トラックが行き交うことで，周辺の生態系に対する影響が特に大きい．ダムの完成後回復するものもあるが，周辺設備等で，人の出入りも多くなり，生態系の構造自体が変化する場合が多い．

3.4 汽水域の生態系の特徴と開発の影響

(1) 汽水生態系の物理的特徴

汽水域（estuary）は，海水と淡水の混ざった汽水（brackish water）で構成される川や湖である．

汽水域の最も大きな特徴は，密度の高い海水が淡水の下方を占めることによって，上層の淡水と下層の海水との間に極めて安定な密度成層が形成していることである．塩分濃度で形成する成層は温度によって生じる成層に比して格段に強く，温度変化が成層の条件に影響を及ぼすことはほとんどない．

河川が海に注ぐ場合，河口近くでは，海水が河川水の下にもぐりこんでいる．こうした現象を塩水楔（salt wedge）とよんでいる（図3-64）．

塩水楔の海水と淡水の混合の仕方によって，密度成層を保った状態が長く伸びている場合を緩混合状態，ほとんどの場所で上下層が混ざり合って上下層の中間の密度をもち，その密度が海に向かって高くなっている状態を強混合状態，この中間を弱混合状態とよぶ．しかし，いずれも，塩分濃度は海水域から淡水域にかけて徐々に減少しており，また，強混合状態にある場合でも，多くの場合，底付近には高濃度の層が形成している．

塩分濃度の変化する遷移帯は，潮の干満とともに海域と淡水域との間を移動する．潮が満ちていく際に海水が河川中に入り込む場合は，カルマンヘッド（Ka'rman head）とよばれる先頭が盛り上がった状態で侵入し，引き潮の際には，海水は薄く伸びた形で引いていく．そのため，塩水楔の侵入時と後退時とでは形状が異なる．また，塩水楔の河道内への遡上距離は，河底の勾配が緩い場所で，潮位が高く，河川流量が少なく混合しにくい場合に長くなる．

海水と淡水の混ざった汽水湖は，多くの場合，海と連結した川や水路から海水が侵入してきている場合が多いが，地下水から海水が侵入してきている場合もある．海とつながった川から海水が侵入している場合には，海と湖との間には浅瀬があり，湖内の塩分濃度や塩分成層の厚さは，ここを通過する海水の量による．通常は，これらは満潮時の潮の高さ，気圧，上流から湖に流入する河川流量などで定まり，潮が高く気圧が低く，湖に流入する河川流量が少ないほど多くなる．

汽水域では塩分による強い密度成層が存在することから，下層の塩水が大気に触れることが少なく，下層に貧酸素水塊を生じやすい．また，河川によって運び

込まれた浮遊物質の一部は，海水と接することで凝集し，淡塩界面に滞留したり，沈殿して水底に堆積する．

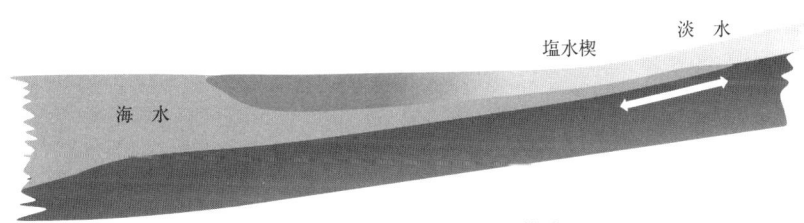

図 3-64　汽水域の塩水成層の構造

　河口部では，淡水の河川水の方が海水よりも密度が小さいために，河川水は海水の上を流れ海に流入する．そのため，ここでは，淡塩成層が形成する．こうした形状を保ちながら，海水が河道をさかのぼる現象を塩水楔とよぶ．塩水楔は，潮の干満に伴って河道内を上下する．長い距離成層状態が続いている場合を緩混合状態，水深方向には混合し，流れ方向に密度勾配が形成した状態を強混合状態とよび，この中間の状態を弱混合状態とよぶ．

成層の混合のしやすさを表すパラメーター

　成層の安定度は，成層の強度と混合させる力に関係する量の比で表される．成層の強度は上下層の密度差（重力的な安定性）で表され，混合させる力としては，密度界面にはたらくせん断力に関係する流速スケールが用いられる．すなわち，

$$R_i = \frac{\Delta \rho \, gL}{\rho_0 u^2} \tag{3.1}$$

で与えられ，リチャードソン（Richardson）数とよばれている．
ここで，$\Delta \rho$ は上下層の密度差，ρ_0 は水の密度，g は重力加速度，L は代表長さで上層の水深などがとられる．また，u は流速スケールで，誘起される乱れに関連する摩擦速度（$u_* = \sqrt{\tau/\rho_0}$：τ は界面にはたらくせん断力）や，より計測しやすい量として，上下層内の流速差が用いられる．成層は，リチャードソン数が大きいほど安定であり，小さいほど不安定で混合を生じやすい．

(2) 汽水域の生物の特徴

　汽水域に生息する生物は体内で浸透圧を調整しなければならないため，ここに棲む生物は海水中に大量に含まれる塩素イオンの濃度に大きく影響を受け，汽水域を主たる生息域とする種の数は淡水域や海水域と比較すると少ない（図3-65）.

　この水域は，塩素イオン濃度によって，表3-4のように分類されている．

　河川内を浮遊する藻類は，はく離した付着藻類（exfoliated periphyton），植物プランクトン（phytoplankton）に分けられる．植物プランクトンについても，増殖場所によって，自生的プランクトン（potamoplankton）と，他生的なプランクトン（allochthonous plankton）に分けられる．汽水域は生息する生物種は少ないものの，汽水域における一次生産量は海域や淡水域よりも多い．この理由は，潮の干満に伴い同じ水塊が淡水域と海域を行き来するため，河川を流下してきた栄養塩や上流で発生した他生的な植物プランクトンや流下してきた付着藻類が集積しやすく，また，長く滞留するため，増殖のための十分な時間があるためである．

　生息可能な塩素イオン濃度の幅は種ごとに異なる．種数は，低塩性からα-中塩性の塩素濃度で最も少ない．しかし，ヤマトシジミのように比較的広範囲の塩素イオン濃度でも生息可能な広塩性汽水種と狭い範囲でしか生息できない種があり，広塩性海産種，広塩性淡水種が複雑にからみ合った構造となっている．さらに，浮遊幼生期を有する種は，汽水塊の移動に伴って移動，着生し，そこで成長する．そのため，生物の分布自体も汽水塊の移動に伴って流動的なものとなる．

(3) 河口堰建設に伴う生態系への影響

　河口域においては，海水を遮断して河道内に淡水を確保する目的で河口堰が建設される場合が多い．この場合，堰の位置の上流側に広がっていた低塩素濃度の水域が失われ，その塩素濃度の水域に生息していた生物が消滅する．また，堰の下流側には，海水と堰から放流される淡水との間で強固な密度成層が形成され，底付近に貧酸素な塩水層が残されやすい．

　こうした汽水域には，シジミなどの植物プランクトンを濾過摂食する底生生物が多く，水質の浄化に寄与している．ところが，河口に堰が建設されると，汽水環境が失われることで，こうした底生生物がいなくなる一方で，上流から流入する栄養塩が湛水域に蓄積される（図3-66）．このため，堰による湛水域には大量の植物プランクトンが発生する場合が多い（図1-16参照）．

3.4 汽水域の生態系の特徴と開発の影響

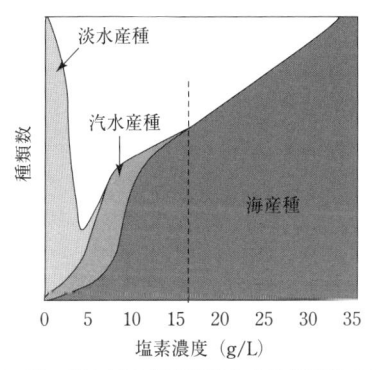

図 3-65 汽水域の塩分濃度と生物種類数の関係

汽水域では体内の塩分調整を行わなければならないことから，生息する種は限られ，淡水域や海域と比較して，種数は少なくなる．

表 3-4 汽水域の塩分濃度と分類区分

塩素濃度 (g/L)	区 分	
<0.1	淡 水 fresh water	
1.0〜0.1	低塩性 oligohaline	汽 水 brackish water
5.0〜1.0	α-中塩性 mesohaline	
10.0〜5.0	β-中塩性 mesohaline	
17.0〜10.0	高塩性 polyhaline	
>17.0	海 水 sea water	

汽水域は，塩分濃度によって，淡水，低塩性，α および β-中塩性，高塩性，海水に分けられる．

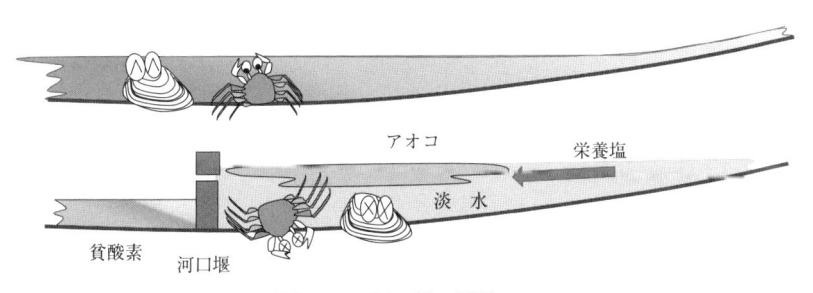

図 3-66 河口堰の影響

3.5 海岸域の生態系の特徴と開発の影響

(1) 海岸域の生態系の特徴

海岸域では，外海や内湾，砂丘や岩礁帯，水深勾配，河口域からの距離などの，地理的・地形的特性，波浪や海流，水温や干満の差のような物理的条件に応じて，それぞれ特有の生態系がつくられている．特に浅海域では，陸域，陸水域，海域が接し，それらの相互作用のもと，藻場，干潟，砂浜，サンゴ礁などの様々な景観が成立している．生物は，潮間帯では，干出や冠水，潮汐や波浪の影響などの違いによって，また，深いところでは届く光量に応じて分布するため，水深に対して帯状に分布する．

海岸域の生態系にも様々なものが存在する（図3-67）．

藻場（seaweed bed）は，アマモなどの海草類の群落（アマモ場）やアラメ，カジメ，ホンダワラなどの海藻群落（海中林やガラモ場）が生育している．アマモなどの海草類は砂の海底に主に生育し，海藻類は主に岩礁帯に生育する．藻場は魚類の産卵場所，アワビ，サザエ，ウニといった貝類などの動物の餌場としての役割を果たしている．大潮時の最高潮位と最低潮位との間を潮間帯（intertidal zone）とよび，岩礁潮間帯（磯）と砂浜潮間帯（干潟）がある．環境諸要素が周期的に変動することで，独特な生態系がつくられている．

岩礁帯では，干潮時には潮だまり（タイドプール）が形成され，波浪による侵食作用でできた溝や間隙が，多くの生物の生息場所を提供している．

干潟には河川により運ばれた細かい土砂が堆積しており，有機物は豊富なものの，干潮時に干出するため温度や受ける日射量の日変動が大きく，生物にとって厳しい環境である．しかし，陸からの有機物が多く供給されることから，生産性は高く，底生生物，貝類などの小動物の量，種数が著しく多い．そのため，シギ・チドリ類などの鳥類の重要な餌場となり，越冬地や渡りの重要な中継地となっている場所も多い．干潟域の後背地にはヨシ原などの植生が分布することが多く，アシハラガニなどの特徴的な動物の生息地となっている（図3-68）．

砂浜は，生産性では干潟などには及ばないものの，ウミガメの産卵場所，コアジサシの繁殖地などの特徴的な機能をもっている場所もある．潮間帯より上の陸域には，打ち上げ帯，草本帯，矮低木帯，海岸林などの特徴的な植物群落の帯状分布がみられることもある．砂浜に打ち上げられた海草，海藻，落葉や枝なども，

様々な生物の生息場所として機能している．サンゴ礁（corral reef）はキクメイシなどの造礁サンゴがつくり出す炭酸カルシウムの構造物が骨格となり，様々な生物が生息する海中地形の総称である．特徴的な海生生物が多くみられ，それぞれの種の繁殖，産卵，生育，成長，採餌などの場として機能している．

一つの地域の範囲でみると，干潟域の一部にアマモ場が生えていたり，岩礁帯やサンゴ礁に隣接して砂浜が広がるなど，海岸域が複数の景観要素から構成されている場合が多い．

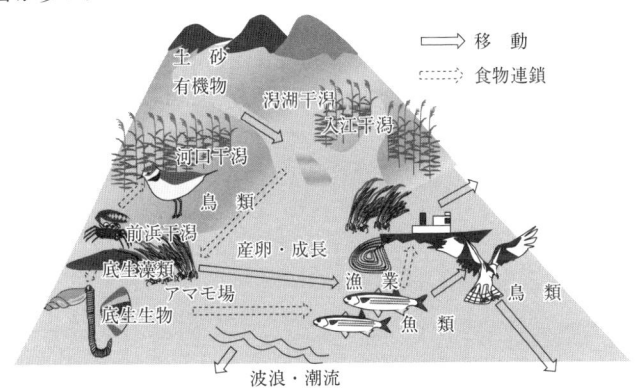

図 3-67 海岸域の生態系の構造

海岸域では，外海や内湾，砂丘や岩礁帯，水深勾配，河口域からの距離などの，地理的・地形的特性，波浪や海流，水温や干満の差のような物理的条件に応じてそれぞれ特有の生態系がつくられている．生物は，潮間帯では，干出や冠水，潮汐や波浪の影響などの違いによって，また，深いところでは届く光量に応じて分布するため，水深に対して帯状に分布する．

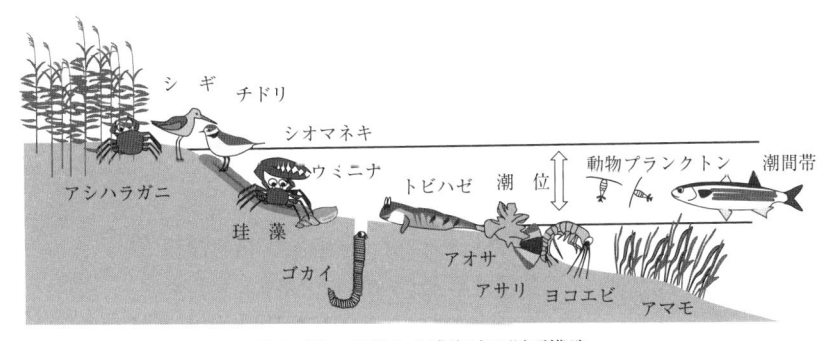

図 3-68 干潟から浅海域の断面構造

河川などにより運ばれた細かい土砂が堆積した干潟は，有機物は豊富なものの，干潮時に干出するため温度や受ける日射量の日変動が大きく，生物にとって厳しい環境である．しかし，陸からの有機物が多く供給されることから，生産性は高く，底生生物，貝類などの小動物の量，種数は多い．そのため，シギ・チドリ類などの鳥類の重要な餌場となる．

（2）干潟の水質浄化機能

干潟（tidal mud flat）は高い生産力を有し，多様な生物の生息場となるだけでなく，優れた環境浄化機能を備えている．干潟に流入した有機物や汚濁物質は，底生生物により捕食される．二枚貝の多くは水中の懸濁物質を濾過して摂食しており，物理的には沈殿困難な粒径5 μm以下の微細粒子も生物濾過により取り除くことができる．二枚貝に取り込まれた懸濁粒子の一部は成長に利用されるが，残りは擬糞の形で体外に排出される．擬糞は二枚貝の粘液で固められており，水中に再懸濁しにくい構造となっている．そのため，二枚貝は成長のために利用する以上の懸濁物質を水中から取り除いており，優れた浄化機能をもつ生物といえる．二枚貝の排出した糞や擬糞は，ゴカイなど他の底生生物に利用され，干潟の食物連鎖に取り込まれることによって水中から除去される．

干潟には多くの多毛類や貧毛類が生息している．それらは干潟土壌内を攪乱し，有機物を分解・固定することによって土壌内の浄化に寄与し，粘液で形成された巣穴によって土壌を安定化し，微細粒子の再懸濁を防ぐ機能を果たしている．このような機能は生物攪乱（bioturbation）とよばれる．さらに，U字型の巣穴を形成するゴカイや甲殻類は，呼吸のために巣穴内に水流を引き起こす（図3-69）．この活動によって巣穴内に酸素が供給され，巣穴の周囲に酸素の豊富な薄い層が形成され，干潟土壌内で硝化・脱窒作用が活性化され，窒素が除去される．この作用は植生による水質浄化機能と同様である（図2-13参照）．また，干潟の生物は魚や鳥によって捕食され，干潟に流入した汚濁物質は系外に除去される．

（3）河口砂州と河口閉塞

河口域は，図3-70で示されるように，河川で運ばれてきた土砂が海の波の作用で押し戻され堆積するために，砂州が形成しやすい場所である．洪水時には河川から大量の土砂が運ばれてくるために，砂州は沖に向かって伸びていく（3.2（1）参照）．こうした砂州は河口を閉塞し（estury closing），洪水時に河川水の流出を阻害することから，掘削によって取り除かれる場合が多い．しかし，こうした砂州は透水性に富むことから地下水面は低く，土壌は砂層であるために貧栄養で，さらに塩分にも富むことから，長い根をもった，潮風や飛砂に強い，砂州特有の植物が育ち砂州独特の生態系ができあがっている場合が多い．ただし，河口が閉塞されることは，回遊魚にとっては河川に遡上する入口が失われるため問題が生ずる．

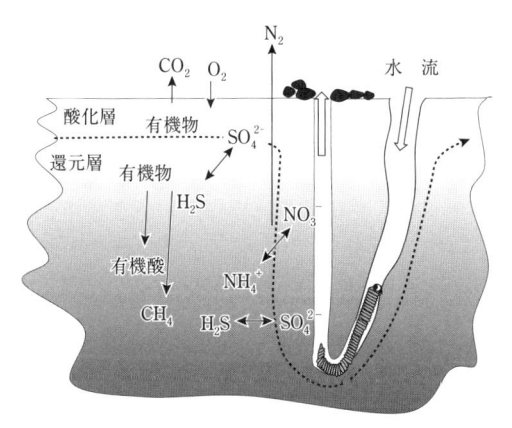

図 3-69　底生生物の巣穴のはたらき

　干潟の土壌は表層の薄い層を除き，極めて貧酸素な状態にあり，硫化水素やメタンなどの物質が生成される．しかし，流入した有機物は底生生物に利用され，それらの糞もまた他の生物に利用される．また，底生生物のつくる巣穴の周囲には，巣から酸素が供給されるために巣穴の表面が酸化し酸化層の表面積を増加させる．

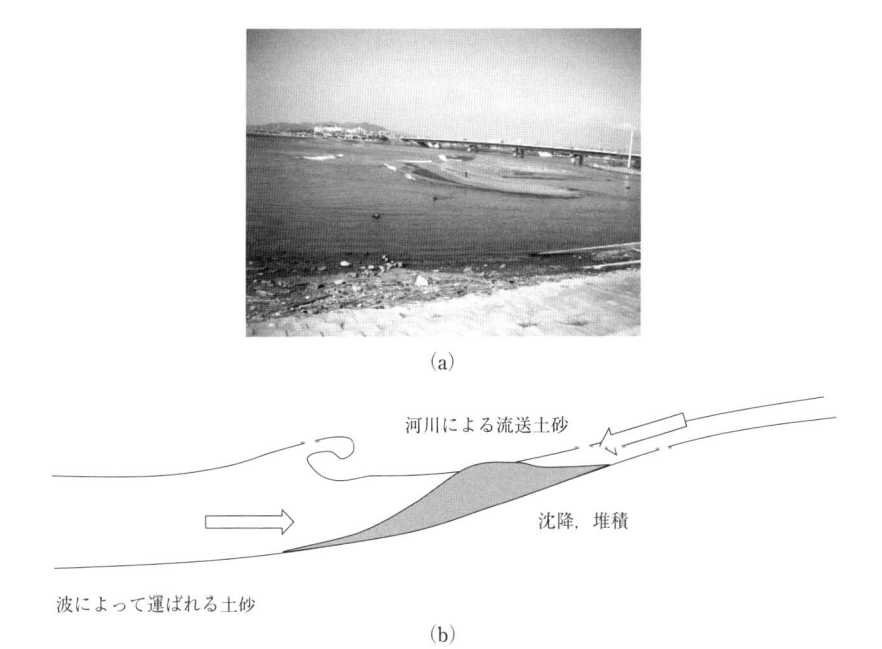

(a)

(b)

図 3-70　河 口 砂 州

　河口は，川から運ばれてきた砂と波浪によって海から運ばれてきた砂が合わさるところであり，砂州が形成されやすい．砂州上には独特な生態系が形成される．

（4）赤潮と青潮

赤潮（red tide）も青潮（blue tide）も，海域の富栄養化が原因と考えられている．

栄養塩を多量に含む河川水が海域に流入すると，植物プランクトンの異常増殖を引き起こす．海域で異常増殖を起こす植物プランクトンにカロテノイドをもつものが多く，水面が赤褐色やオレンジ色にみえることから，赤潮とよばれる．赤潮が発生すると，養殖魚の大量斃死や貝毒などの漁業被害が発生する．さらに，枯死して沈降した植物プランクトンは底質のヘドロ化の原因となり，汚染の長期化を招く．赤潮の対策としては流入河川からの栄養塩除去だけでは不十分であり，干潟の再生などにより自然の浄化能力を高め，発生した植物プランクトンを食物連鎖の輪の中に取り込む必要がある．

青潮は夏の成層期に底層付近に形成された無酸素水塊が，海水の鉛直方向の流れによって沿岸付近に湧昇することによって生じる．一般に，湾奥から開口部に向かって強い風が吹いたときに引き起こされた離岸流の補償流によって生じることが多い（図3-71）．無酸素水塊に含まれていた硫化水素は水面付近で酸化されてコロイドを生じる．この粒子は太陽光を反射させ，海面を乳青色や乳白色に変色させることから青潮とよばれる．青潮が発生すると，生物の大量死が発生する．無酸素水塊は海底の凹地で形成されやすく，凹地を埋める対策が有効である．

赤潮，青潮とも，流域からの栄養塩や有機物流入と関係が深い（図3-72）．

（5）埋め立ての影響

昔から海岸域は，農地や工業用地の確保，港湾施設・空港建設などのために，干拓や埋め立て（reclamation）が多く行われてきた．そのため，大都市圏の海岸域では，自然の海岸はほとんど失われている．埋め立てが行われると，海浜，干潟などの海域域の生態系の機能は失われ，動植物は姿を消す．また，一般に埋め立ては，沖合いにケーソンとよばれる護岸構造物が並べられ，その内側に土砂を入れていくという方法で行われるため，海底から垂直にコンクリートの壁が続くことになる．そのため，ケーソン付近の海底は流れが停滞し，底質の悪化，貧酸素化などが生じ，それが周辺海域に影響を及ぼすこともある．また，湾全体の流れを変えてしまうこともある．

このような影響の緩和を図るため，近年埋め立て地の護岸には，カニなどの動植物の生息・生育に配慮した構造を採用したり，沖合いを捨石などで緩傾斜にす

ることが行われる．失われた浅場の代償として，干潟や海浜の創出なども行われている．

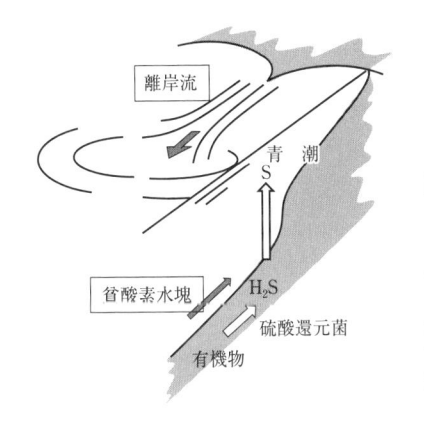

図 3-71　青潮の生ずる機構

青潮は，河川から流入した有機物や植物プランクトンの死骸を利用して，硫酸還元菌が硫化水素を発生させる．これが水中で酸化されて，硫黄やイオン酸化物に酸化され，コロイドとして浮遊する．これらが太陽光を反射して乳青色を呈する．湾奥から開口部に向かって強い風が吹いたときに引き起こされた離岸流の貧酸素の補償流が生じたときに発生することが多い．

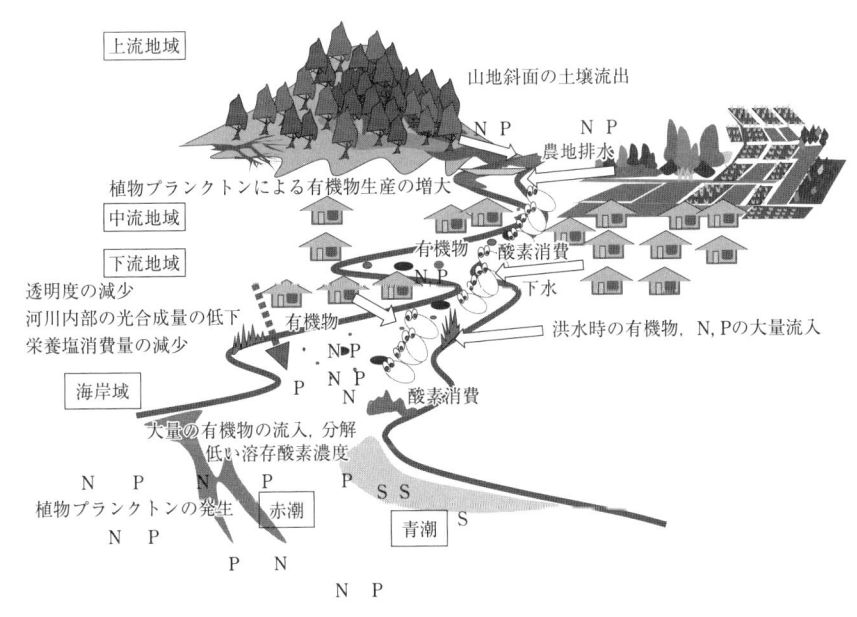

図 3-72　赤潮，青潮の発生と流域環境の関係

上流の山地の土壌流出による栄養塩の流入，ダム湖などでの植物プランクトンの大発生，農地や都市下水からの栄養塩や有機物の流入は，河川内の有機物量を増加させ，これが下流域で分解されるために大量の酸素が消費される．また，下流域では，河川水の透明度が低下することで，水生植物による栄養塩の利用は妨げられる．そのため，利用されなかった栄養塩，分解しきれなかった有機物は海域に流入する．有機物は海域で分解され酸素を消費し，栄養塩は植物プランクトンの増殖を促す．これらが要因となって青潮や赤潮が発生する．

（6）マングローブ湿地帯の物質循環：潮汐による物質交換

　熱帯・亜熱帯の海岸には，マングローブ（mangrove）の樹林帯が形成される．マングローブ群落は，河口域の他に，氾濫原や沿岸にも形成され，潮の干満で海水が出入りする（図3-73）．

　マングローブは，塩水や汽水域でも生育可能な植物の集合体である．樹木の場合には，ヤエヤマヒルギ（*Rhizophora*）のように，枝から地中へ向けて伸ばされた支柱根（prop root）や，ヒルギダマシ（*Avicenia*）のように地面から突き出した呼吸根（pneumatophores）とよばれる独特の形状をもった根を発達させている．土壌は貧酸素化しているため，こうした根で酸素を取り込む（図3-74）．

　こうした複雑な形状のために，マングローブの群落内では，流動抵抗が大きく，河川からの流下有機物や潮の干満で海域からもたらされる有機物を沈降，堆積させる．そのため，生産性が高く，また，有機物が分解されるために，土壌は貧酸素化し硫化水素が生成されている場合も多い．

　マングローブ林においては，カニなどの甲殻類が棲みつき，マングローブの落葉や流入する有機物を消費している．マングローブの落葉は，主にこうした甲殻類によって分解されることで，腐食連鎖に取り込まれる．甲殻類は，また，土壌中に穴をあけて棲むことで，土壌中に酸素を供給する役目も果たしている．

　マングローブ林は，複雑な環境から，陸土の保全や水産生物の産卵・生息場として重要なはたらきをしている．また，河口域においては，上流から流れ込んできた土砂を，沿岸域の海草藻場やサンゴ礁に，過剰に流出させないという役割も担っている．一方で，貧酸素化した土壌からは，栄養塩が徐々に溶出され，マングローブ樹林帯の沖に発達したアマモ場やサンゴ礁をはじめとした豊かな沿岸生態系を育んでいる．マングローブ樹林帯は，津波や高潮時の防波堤の役割も果たしており，後背地の被災を軽減する．さらに，マングローブは，地元の住民の生活では，エネルギー源として利用されることもある．ところが，開発途上国においては，輸出用のエビの養殖池の造成のために，マングローブ樹林帯が広範囲に伐採され，かつては，広い面積を占めていたマングローブ樹林帯も少なくなっている．

　熱帯・亜熱帯域沿岸にはマングローブ樹林の他にも，海草藻場，サンゴ礁などで形成される豊かな生態系が存在する．しかし，近年，流域の土地改良事業などによる農地開発や都市化により，土壌流出や都市排出物の増加による河川汚濁，

海岸の水質悪化が顕在化している．

(a) 河口域　　　　(b) 氾濫原　　　　(c) 海　岸

図 3-73　様々な場所のマングローブ群落

マングローブの群落は，有機物が流入，沈降，堆積するために，生産性の高い領域である．なかでも，河口域のマングローブ群落では河川から流れ込む有機物が捕捉され，分解されるために，特に生産性が高い．マングローブの群落は，浅く様々な障害が存在し流速が低下するために，群落がバッファーとなって陸域の浮遊土砂が海域に広がるのを防いだり，カニをはじめ様々な動物の住処となるなど，生態系を維持するうえでも重要な役割を果たしている．

図 3-74　マングローブの特徴

マングローブは塩分を必要とするわけではなく，根に塩分が侵入するのを防いだり (salt exclusion)，葉から塩分を排出 (salt secretion) したりして塩分に対する耐性を備えることで，他の植物が侵入できない場所に生育することを可能にしている．また，一般にマングローブが生育する土壌は極めて貧酸素であるために，マングローブは様々な特徴を備えている．ヒルギダマシ (*Avicenia*) は呼吸根 (pneumatophore) を備えていたり，ヤエヤマヒルギ (*Rhizophora*) などは支柱根 (prop root) を発達させて，酸素を取り込む．また，貧酸素な土壌では発芽できにくいことから，ヤエヤマヒルギ類などは，細長い胎生種子 (viviparous seedling) をつくり，十分浅い場所に流れ着いたところで発芽させるものもある．

3.6 農業地域の生態系の特徴と開発の影響

（1）農業地域の生態系の特徴

　農業地域には，直接生産・収穫の場として寄与する水田，畑地，果樹園などの農地だけでなく，そこに水を引くための用水路や排水路，溜め池などの水域，収穫物を運ぶ道路，農地を取り囲む用材や薪炭，緑肥などの供給源である林地（スギやコナラなどの二次林），畜産のための草地，人家とその周囲の屋敷林などの，様々な景観要素がモザイク状に組み合わされて構成されている．景観要素が多様であることに対応して，様々な生物種の生育・生息がみられることが，農業地域の生態系の特徴の一つである．それぞれの景観要素に対し，人間は水田への水張り，除草，収穫など季節の変化に応じた管理によって自然の遷移を抑え，適度に撹乱することによって，複雑なモザイク構造を長期間維持してきた（図3-75）．

　このような生態系が典型的にみられる場所が「里山（village-vicinity mountain）」である．そこでは各景観要素はばらばらに存在するのではなく，例えば，用水路は，水田と河川を行き来する淡水魚にとって重要な回廊（corridor）であり，これによって相互に連結された景観要素が生態系ネットワークを構成している．カエル類やサンショウウオ類などの両生類には，繁殖の場である水田や溜め池，水路などの水域と，成体が生息する山林がセットで提供されている（図3-76）．農地自体は動植物の年間を通じた生息地となることは少ないが，年間の生活サイクルの中では繁殖地などとして欠かせない重要な機能をもつ．例えば，水田などの農地は，広域の生態系間をつなぐ渡り鳥の，休息地や中継地，越冬地となっているところが少なくない．

　里山の環境において，モザイク構造と同様に，除草などの適度な撹乱も特徴的な生態系を維持するために重要な役割を果たしている．夏に頻繁に草が刈られる用水路の土手や畔の環境は，人間が管理する以前の河川環境に適応して生息する生物の生息場所となる．また，下草刈りと落葉掻きは森林の遷移を停滞させるだけでなく，開けた林床はフクロウなどの鳥類が餌を探すために必要な空間である．現在，里山に暮らす多くの生物が絶滅の危機に瀕しており，そのような生物を救うためには，人間が里山の環境を管理し続けることが必要である．

　里山のもう一つの役割は，人間集落と背後に広がる森林との間の緩衝地帯の役割を果たしてきたことである．緩衝地帯が広がることで，野生動物と人間社会と

の間に必要以上の接触が避けられ，共存が保たれた．近年，これまでの里山地帯が集落に変わることで，野生動物が集落に入り込んで危害を加える問題が多発してきている．

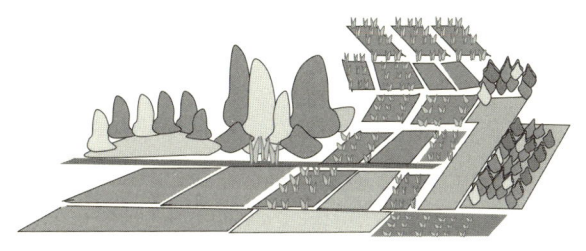

図 3-75　景観要素のモザイクが構成する農業地域の生態系

　農業地域には，直接生産・収穫の場として寄与する水田，畑地，果樹園などの農地だけでなく，そこに水を供給するための用水路や排水路，溜め池などの水域，生産物などを運ぶ道路，農地を取り囲む用材や薪炭，緑肥などの供給源である林地，畜産のための草地，人家とその周囲の屋敷林などの，様々な景観要素がモザイク状に組み合わされて構成されている

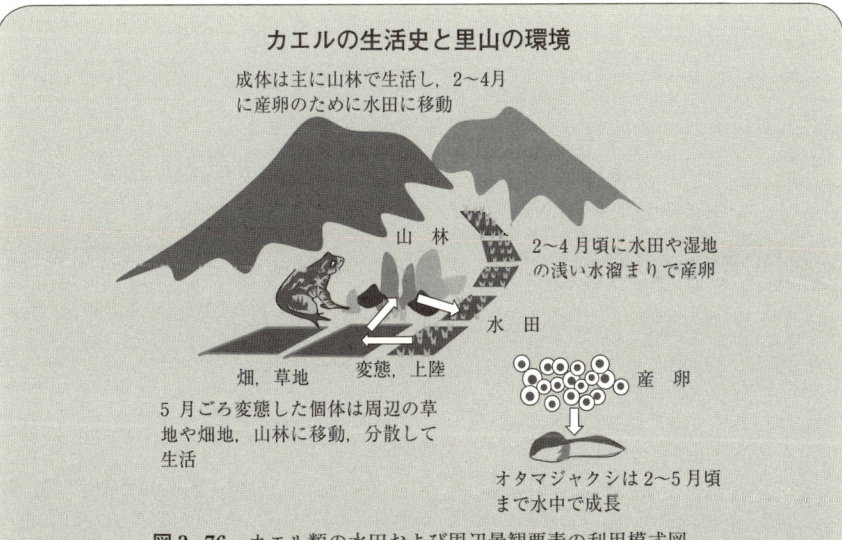

カエルの生活史と里山の環境

成体は主に山林で生活し，2～4月に産卵のために水田に移動

山林

2～4月頃に水田や湿地の浅い水溜まりで産卵

畑，草地　　変態，上陸　　水田

5月ごろ変態した個体は周辺の草地や畑地，山林に移動，分散して生活

産卵

オタマジャクシは2～5月頃まで水中で成長

図 3-76　カエル類の水田および周辺景観要素の利用模式図

　里山では各景観要素はばらばらに存在するのではなく，用水路は，水田と河川を行き来する淡水魚にとって重要な回廊であり，これによって相互に連携した景観要素が地域の生態系ネットワークを構成している．カエル類やサンショウウオ類など一部の両生類には，年間の生活史の中で，繁殖の場である水田や溜め池や水路などの水域と成体が生息する山林がともに必要である．

（2）農業地域の生態系管理の問題

　農業人口の高齢化が進み，将来，農業地域の多様な景観要素において，管理が行き届かなくなる可能性が高い．耕地自体も休耕，耕作放棄されるケースが増えており，耕作放棄された田や畑は日本全体では埼玉県の面積に匹敵するほどに達している．耕作放棄地は自然の遷移が進み，やぶとなっているところが多い．溜め池もかい掘りや池さらいなどの管理がされなくなって，もともと一次生産がさかんな場所であることから，植物が繁茂し，乾陸化が進んで水面がなくなり，開放水面を縄張りとするトンボ類などの希少な水生生物に影響を与えている．このような場所では従来維持されてきた生態系の機能が損なわれている．

　わが国の農業の問題の一つは，1人あたりの耕地面積が狭いことであり，土地改良によって集約化，機械化して，生産の効率化を図ることは重要な施策と考えられている．

　土地改良は，1949年制定の土地改良法に基づき事業として実施されており，その後の法改正もあって，現在では農業水利施設の整備，客土など農地の改良，区画整理や造成・干拓などの農地自体の整備，農道の整備，農地の防災・保全，施設管理，農村の生活環境・自然環境の保全などが法律に基づいて行われている．

　当初の土地改良では，整備の際に水路がコンクリート3面張りの構造に置き換わって，生物の生息や移動に適さなくなるということがしばしば発生した．水路の維持管理はコストがかかる作業であり，その低減を図るために施設の改良が必要とされていた．また，用水と排水が分離され，水田には必要なとき以外は水が張られないようになった．これは早春季の両生類などの産卵に影響を及ぼしている．水路と河川は樋門で分断され，水路と水田に段差が生じて，魚類などの移動が困難になった．このようなことによって，多くの動物が生息の場を失い，数を減らしていった．また，農薬や除草剤などの利用によって，かつて生息していた多くの生物が姿を消し，生態系の機能が著しく減少した．

（3）生態系に配慮した農業への転換

　農地の開発が，生態系に対して十分配慮されないで行われてきたことへの反省から，農地生態系においても様々な生き物への配慮が行われるようになっている．

　農薬や除草剤の利用の自粛，水路から水田にのぼれる魚道の設置，水路の再自然化，水田の冬季湛水，休耕田の水張りなど様々な改善が行われてきている．

里　山

里山は古来から人為的影響が入って安定な生態系ができあがった場所である．

表3-5　古来からの里山の利用法

利用法	
薪炭林	10～20年ごとに根を残して伐採され，薪や木炭に利用された．クヌギやナラの落葉樹が多く利用された．
アカマツ林	アカマツは建材に利用された．また，低木は燃料として，灰はカリウム肥料として利用され，また，松茸は食用にされたり売却された．
塩木林	山間地において里山の木を栽培し，海岸の製塩のための燃料として製塩業者に商品として売られた．
草　山	樹木を伐採し，山全体を草のみにして，水田の肥料用として利用した．
多様な利用法	落葉や下生えを肥料として，キノコや緊急時の木材源として換金された．また，水源涵養林として保存されたものもある．

　里山はかつては様々な用途に利用されていた．しかし，現在では，こうした利用はほとんどなくなっている．
　里山の多くは，もともとアカマツ林や草山やはげ山である．本来の植生は薪の切り出しで失われたり，落葉や草も肥料で利用されてしまったために土壌の栄養分が少なくなり，やせた土地でも生長するアカマツが主流になったと考えられる．しかし，薪が利用されなくなると，里山の植生もクヌギやコナラなど落葉性のブナ科の樹林に変化していった．本来，極相は常緑針葉樹であるが，こうした地域では，人為的影響が入っていたために，代償植生としてこうした林相になったと考えられている．

農業地域の自然再生

　コウノトリの野生復帰を実践している兵庫県の豊岡地域では，円山川の自然再生とともに，農地についても，その生態的機能を高める取り組みとして，水路から水田へのぼれる魚道の設置や，水路の再自然化などの取り組みが行われている．このような事業が広く行われるようになってきた．
　また，休耕田の水張りなども各地で行われている．例えば，宮城県の蕪栗沼で，マガン・ヒシクイの越冬地であることから，冬も水田に湛水して（「ふゆみずたんぼ」と称されている）ねぐらとして提供し，雑草の防止や鳥類の糞が肥料となるなど，互恵の関係を構築している．
　農業地域では，土地改良事業や農薬・除草剤などの影響で，かつて生息していた多くの生物が姿を消し，生態系の機能が著しく低下したが，後者については近年の規制や減農薬の運動などに伴って，各地域で復活がみられるようになっている．一方で，農地の開発が，生態系に対して十分配慮されないで行われてきたことへの反省から，農地生態系においても様々な生き物への配慮が行われるようになっている．

3.7 道路建設に伴う生態系への影響

道路の建設は周囲の生態系に対し様々な影響を及ぼす．

自然地の中に道路が伸びていくことは，それまでそこに形成されていた動物個体群を分断することになり，絶滅を速めることになる（図3-77）．また，動物の日常の行動圏や，生活史の中で移動する経路を横切る場所に道路が建設されると，車両の通行により，道路を横切ろうとする動物を殺してしまったり（ロードキル：road kill），側溝が移動の妨げになったりもする（3.3（3）参照）．

道路を建設するための斜面の掘削は，地下水脈に大きな影響を及ぼす（図3-78）．地下水面を低下させるために，上流地域の湧水を枯渇させたり，非透水性の舗装によって雨水の地下への涵養量が減少し，下流地域の地下水位を低下させることもある．こうした変化により，土壌面近くの水分量が影響を受け，植生が変化することもある．

また，道路による盛土や高架橋の建設は周囲に陰をつくるために，直下や近傍の植生に影響を及ぼす（図3-79）．さらに，こうした構造物は地上付近の風況にも影響する．構造物の背後では風が遮られ，その周囲や構造物と構造物の間は，風が集中するために風速が増加し，それに伴って，降雨や積雪の分布も変化する．

寒冷地では，冬季には盛土で囲まれた窪みに，冷気湖とよばれる冷たい空気の溜まりをつくることもある．

このように，道路建設は，道路を車両が通行すること，道路建設のために，地形が改変されることの両方の面で，生態系に影響を与える．

チガヤ群落

道路の盛土，河川の堤防などでは，定期的に草刈りが行われることが多く，こうした場所では，より背の高い植生に移行する前の段階が保たれ，多年生草本で繁殖力の旺盛なチガヤ群落が形成されてきた．チガヤ群落は，根茎は密で土壌流出に対する抵抗力が高いこと，生物の多様性も高く草原生態系を形づくるうえで重要な種であること，白い穂が出ることで季節相が明瞭で景観性が優れていることなどから頻繁に利用される．チガヤ群落を維持するには，年に2～3回程度の草刈りが必要とされている．しかし，管理が行われなくなったり，土壌の富栄養化が進むと，セイタカアワダチソウやオオブタクサなどの外来種に変わってしまうことも多い．

３.７ 道路建設に伴う生態系への影響　159

図 3-77　ロードキル

　自然界の動物の行動圏の中で，移動する経路は，おおむね決まっている場合が多い．ここに道路が建設されても動物の習性はすぐには変化せず，横切ろうとする動物を殺してしまうことが多い．また，道路によって個体群が分断されると，個体群の規模が小さくなり，遺伝子の劣化を招き絶滅を速める．こうした影響は個体数の少ない食物連鎖の上位にある動物ほど大きい．

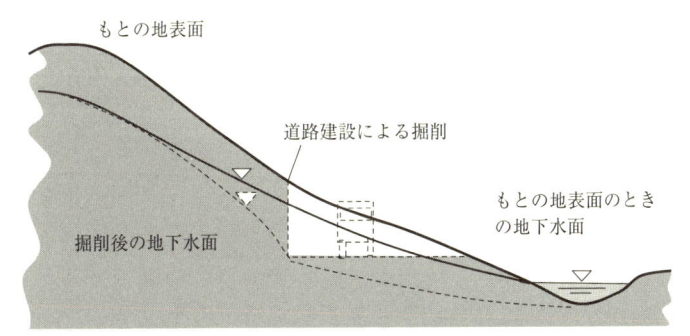

図 3-78　切土による地下水面の変化

　道路建設のために掘削が行われると，破線で示されるように，地下水位を低下させることになる．そのため，土壌が乾燥し，生えている植生に影響を与えるだけでなく，それまで存在していた湧水が枯れることも多い．

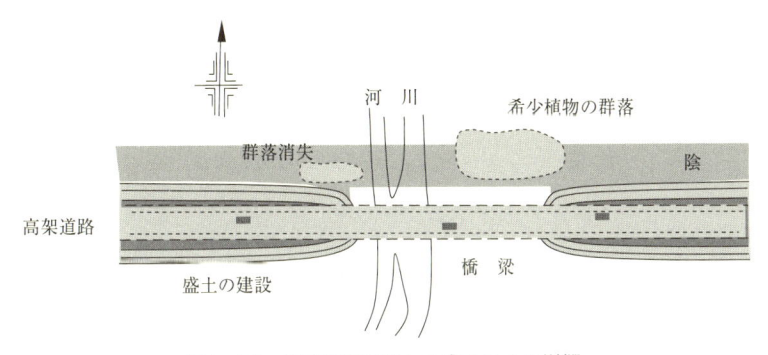

図 3-79　道路建設に際した盛土による影響

　盛土や高架橋によって，道路が建設されると，陰になる場所に生育していた植物群落は失われる．

3.8　高山帯の生態系の特徴と開発の影響

（1）高山帯の生態系の特徴

　高山帯（alpine zone）は標高が高いため，夏でも冷涼で，特に冬は厳しい季候条件下にさらされ地表は雪で覆われる．標高の高い山ほど春の雪融けも遅く，一部は雪渓となって夏まで存在する．高山帯は年間を通して気温が低いことから森林が成立しないため，非積雪期には，地表は風雨や直射日光にさらされる．そのため，残雪はその下部に存在する生態系を気温の低下や風雨から保護し，土壌を湿潤に保ち，植物への水分の供給源にもなっている．このように時間的・空間的に変化する残雪の状況は高山帯の生態系を複雑にしており，変化に富む地形・地質とあいまって，多様で，かつ，脆弱な生態系を成立させている．

① 森 林 限 界

　日本の季候は高温多雨であり，植生の極相は基本的に森林となる．西日本ではシイやカシ，タブといった常緑広葉樹（照葉樹）の，東日本ではブナやミズナラといった落葉広葉樹（夏緑樹）の森林が形成される．このような広葉樹林は麓に形成され，標高とともに姿を変え，オオシラビソやコメツガといった針葉樹からなる森林へと移行する．さらに標高が上がると，森林の樹高は3～6 m 程度となる．この植生帯を高木限界（tree limit）とよんでいる．さらに標高が高くなると，ハイマツやお花畑からなる植生がみられるようになり，森林が発達しない高山帯へと移行する．この標高を森林限界（forest limit）という（図3-80）．森林限界は，年間の積算温度と関係があり，温量指数（暖かさの指数：warm index, 寒さの指数：cold index）15度・月（月平均気温から5℃を引いた値の合計値）を下回る範囲とされている．しかし，わが国の場合，森林限界よりやや低標高部からハイマツがみられ，これは山頂付近の強風や多雪によって森林が排除されるためであるとされている．

② 地形と植生

　高山帯の地形は，風雨や直射日光，雪崩による影響から，頻繁に侵食や崩壊の影響を受け複雑化している（図3-81）．また，地形に応じて，成立する植生にも違いがみられる．風や雪庇の発達，融雪時の崩壊から急峻な斜面が形成される．崩壊という撹乱の影響を常に受ける東側斜面では植生の発達が悪く，裸地化している場合や，植生が成立していてもダケカンバやミヤマハンノキといった先駆性

植物（pioneering plant）による低木群落が分布している場合が多い．

図 3-80　森林限界

　西日本ではシイやカシ，タブといった常緑広葉樹（照葉樹）の，東日本ではブナやミズナラといった落葉広葉樹（夏緑樹）の森林が形成されるが，このような広葉樹林は麓に形成され，標高とともに姿を変えて針葉樹からなる森林へと移行する．標高が上がると，森林の樹高は低くなり，さらに標高が高くなると，ハイマツやお花畑からなる植生がみられるようになる．この標高を森林限界とよんでいる．

図 3-81　高山帯の地形による植生の違い

　高山帯では，地形や方角に応じて，成立する植生にも違いがみられる．左側（東側）は，冬季に雪庇が発達し，侵食の影響を受けるため裸地となっている．一方，右側（西側）はハイマツに覆われている．

（2）開発の影響

① 登山道整備

　登山道が整備されると，植生や地形が直接改変されるだけでなく，その周囲も影響を受ける場合がある．登山道の整備は，山側斜面の小崩壊を誘発し裸地を拡大させる．裸地部は日射にさらされ，地表面の温度が上がり，土壌の水分が枯渇することから周囲の植生に影響を与える（図3-82）．

② 観光化と外来種の侵入

　山頂まで観光道が整備されると，登山客や観光客が一気に増加する．山頂付近には駐車場や観光施設なども整備され，その周辺の植生は人為的な撹乱を受けることになる．植生が撹乱・破壊された空間にはいち早く草本類が侵入してくる．山塊によっては麓からの登山客・観光客とともにもち込まれる外来種が繁茂している．

③ 獣　害

　現在，わが国では，シカやサル，クマによる農作物への被害など，獣害が深刻化している．薪炭林として維持・管理されてきた林が放棄され，これまで獣と人間生活とのバッファーとして機能していた里山の荒廃がその一因であるといわれている．高山帯の一部でも獣害が深刻化している．南アルプスではシカが高山植物を食べつくし，トリカブトやバイケイソウといった毒草のみになってしまったお花畑もある．高山帯の植生の荒廃は，ライチョウなどの高山帯の生物に影響を及ぼしている．

④ 自然公園による自然保護と利用の試み

　現在，国内には様々な自然公園がつくられている．自然公園は自然公園法に基づいており，国立公園，国定公園，都道府県立自然公園の三つに分けることができる．いずれも自然地域を対象として，国や地方自治体が自然環境を保護保全するとともに，公園として利用するにふさわしい施設を整備する地域として指定される．自然公園の役割には，観光資源として，生態系保全機能，水資源の保護，伝統的な生活や文化の保全など様々な役割が含まれ，高山帯が自然公園の指定地域となっていることも多い．しかし前述したように，車道，宿泊施設，売店などの設置や人による植物の踏みつけなど，人為的な影響が加わり，保護とバランスをとることが難しい状況である．

3.8 高山帯の生態系の特徴と開発の影響　163

図 3-82　登山道の整備

　高山特有の灌木であるハイマツは陽樹であることから，ハイマツ林内では発芽できず，周辺部のコケモモなどが分布する場所で発芽・更新する．ここの植生の存在が日射を緩和し，ハイマツの実生の乾燥を防止している．登山道によりこうした環境が失われ，ハイマツの更新にも影響が及ぶことになる．

遺　存　種

　遺存種（relic）とは地球における生物の歴史において，その最盛期を終え，衰退しながらもわずかに存続している種のことで，高山帯には氷河時代の遺存種が多数生育・生息している．高山植物や高山チョウはその代表例である．中部山岳地帯に生息するライチョウも氷河時代の遺存種の一種であり，鳥の中では最も寒冷な気候に適応した種である．日本に生息するライチョウは，世界のライチョウの分布において最南端に位置し，遺伝的にも隔離された貴重な存在であり，国の天然記念物に指定されている．日本のライチョウは，高山帯にその生息の場を求め現在でも生き延びており，高山帯はライチョウにとっての避難場（refuge）となっている．近年では，低山帯から侵入してきたキツネ，テン，カラス類など捕食者が増加しており，高山帯の食物連鎖網が変化しつつあるといわれている．

　高山帯に生きるライチョウは，高山帯を避難場として生き延び，高山植物の芽や葉，花，果実や昆虫を食している．オコジョや大型の猛禽類はライチョウの雛を捕食する，ライチョウにとっての天敵である．

図 3-83　ライチョウ

3.9　流域水管理に伴う影響

　水は，一部は蒸発し大気中に戻るが，多くは河川および湖沼の表流水もしくは浅層や深層の地下水として流下した後，海に注ぐ．ところが，近年では人為的な影響でこの過程が複雑になって，生物の生息環境も大きく変化してきている．

　流域内の水需要量は，そこの供給量に応じて決まっているわけではなく，その流域内の供給量を超えることも多い．そのため，導水路などを用いて，他の流域から輸送して水需要を満たすことが行われる．ところが，水の供給源である河川や湖沼は分水嶺や海で他の流域と隔絶されており，そこでの固有種が生息したり，同一種でも遺伝子の異なる個体群ができあがっていることも多い．ところが，輸送される水に混ざって他の流域の個体が侵入すると，遺伝子の交雑が生じる（図3-84）．

　上流で取水された水が利用された後に下流で河川に再放流される場合には，取水口から放流口までの区間では，河川の流量は取水された量だけ減少する．水路式発電設備のある場所では，上流で河川水が水路に取り込まれ，発電所までの河川区間にはほとんど水が残っていない場合も多い．また，取水後，途中で漏水や蒸発，土壌への浸透のために水が失われると，河川への放流量は取水量には達しない．このように，河川の流量は利用の度に徐々に減少する．そのため，もともと流量の少ない河川では，渇水期には十分な流量を確保できないことも多い．

　最近では，流域内で集めた汚水を，下流端でまとめて処理し，海域に放流する流域下水道が整備されることも多い．このような河川では，流量が広範囲にわたって減る．

　水利用による影響は水量にとどまらない．農業地域においては，施肥や畜産において大量の栄養塩が河川に流入する．また，通常の下水処理では栄養塩類の除去は行われないため，放流水中の栄養塩濃度は高い．こうした水が河口堰や海域のような湛水域に流入すると，植物プランクトンの増殖を招く．

　流域内の森林は，河川の流量，水質に対して大きな影響を及ぼす．森林が陰樹で占められるようになると，林内には日射が届かなくなり下草が生えなくなる（図1-35参照）．そのため，豪雨時には表層の土壌が大量に流出し，渓流に流入，渓流の生態系を破壊するだけでなく，下流河川の濁度を上昇させ栄養塩濃度を上げる．近年では，各地でシカの密度が高くなり，シカの食害によって樹木や下草

が減少し,土壌表面が露出,流出する被害が増えている.

図3-84 流域水管理(watershed management)

　流域間での水のやり取りが行われると,遺伝子の交雑が起こり,多様性が低下することになる.上流で取水された水が利用された後に下流で河川に放流される場合には,取水口から放流口までの区間では,河川の流量は取水された量だけ減少することになる.流域下水道が整備されている場所では,上流で取水した水が海域に直接放流されるために,河川の流量が広範囲にわたって減少する.農業地域においては,大量の栄養塩が河川に流入し,河口堰や海域のような湛水域に流入すると植物プランクトンの増殖を招く.森林がスギなどの針葉樹で占められていると,林内には日射が届かなくなって下草が生えなくなり,豪雨時には表層の土壌が大量に流出する.シカの密度が高い場所では,樹木の芽や下草に対する食害で土壌が流出,森林の生態系に影響を与えるだけでなく,下流の水域の濁度が増加したり栄養塩量が増加している.

Bon voyage…

付録　生態系モデル

A.1　工学的生態系モデルの枠組み

　生物群集の動態の理解や生態系の将来の状態の予測には，数学モデルを用いる場合が多い．特に，様々な開発に伴う生態系の変化の予測には，数値的な予測を目的としたモデルが用いられる．

　生物群集の住処となる川や湖といった場については，水や流れに伴った運動量やエネルギー，温度などの物理量について，それぞれの保存則から導かれる微分方程式を数値的に解析することで求めることができる．この場，流動を記述する運動方程式を除けば，特に重要になるのは，物質の移流を伴った拡散方程式と，生物の生長モデルである．

　その際に，多くの場合，場に固定された座標上のそれぞれの場所での流速や温度が変数となるオイラー（Euler）型の表現が用いられる．また，場の変化に合わせて生物群集の変化を求める場合にも，オイラー型の表現を行う方が便利になる．

A.2　オイラー型の表現方法

　流体の流速やその中に含まれる物質の濃度などの属性を固定した点で測定していると，測定点の周囲を流体が次々通過していくために，測定される時間変動はそこを瞬間的に次々通過する流体に含まれる属性の変化になる．これは移動しているある流体塊のもつ属性とは異なる．前者のように固定した場所に着目して，そこを通過していく流体のもつ値で表現する方法をオイラー的な取り扱い法，後者のように移動する流体の塊のもつ値で表現する方法をラグランジェ（Lagrange）的な取り扱い法とよんで分けている．流体のもつ流速や濃度の場合，計測器を固定させて測定する方が便利なことから，多くの場合，オイラー的な取り扱いが行われる．しかし，一方では，質点の運動を取り扱うときのように，流速や濃度はある一定の流体塊の中での時間的な変化を考える方が便利な場合も多い．そのため，流速や濃度の時間変化を考える場合には，ラグランジェ的な取り扱いで表されている時間変化を，オイラー的な取り扱いでの時間変化に関係づける方法を明らかにしておく必要がある．

　オイラー的な取り扱いにおいては，移動しない点に対して流体のもつ属性 C の時間変化を考えることから，C はどの点かを示す座標と時間 t の関数になる．この関係は，1 次元で考えると図 A-1 のようになる．

　時刻 t のときに C_t のように表されていた流体の属性 C の平面分布が，時間 $\varDelta t$ の間に $C_{t+\varDelta t}$ に変化し，また，この間に I にあった流体塊が II に移動したとする．その場合，オイラー的な取り扱いでの C の変化は，I においては $C(t+\varDelta t, x) - C(t, x)$ にあたり，II においては $C(t+\varDelta t, x+\varDelta x) - C(t, x+\varDelta x)$ にあたる．これを，$\varDelta t$ で割った値がそれぞれ I および II における $\varDelta t$ の間の平均の変化率にあたり，$\varDelta t$ が限りなく小さいときの変化率が，すなわち時間微分がそれぞれの瞬間的な変化率である．

付録　生態系モデル　169

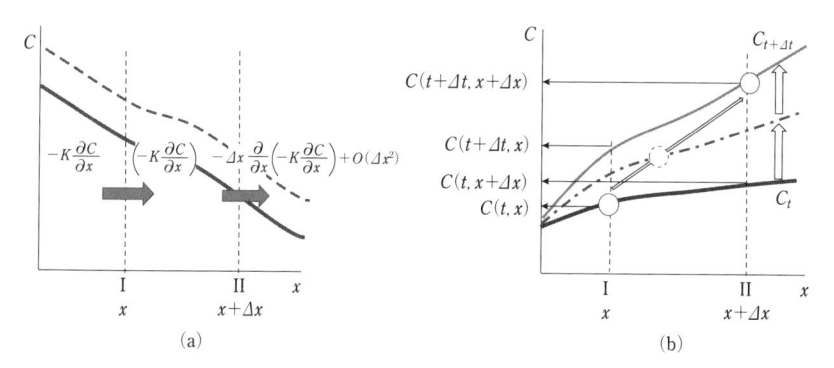

図 A-1　ラグランジェ的な取り扱い（a）とオイラー的な取り扱い（b）

オイラー的な取り扱いでは，時間および座標が与えられれば濃度 C が定まる．すなわち，C が時間および座標の関数になっている．1次元では $C(t, x)$ と表される．例えば，時間 t_0 に対して，濃度分布 $C(t_0, x)$ が与えられる．濃度分布 C は，Δt の間に，C_t から $C_t + C_{t+\Delta t}$ に変化する．ラグランジェ的な取り扱いでは，流体塊の動きに着目している．Δt の間に，流体塊が x から，$x + \Delta x$ の位置に移動したとすると，それに応じて濃度は $C(t, x)$ から $C(t + \Delta t, x + \Delta x)$ に変化する．

濃度フラックスは，濃度勾配に拡散係数 K をかけた形で求める．

すなわち，I および II において，それぞれ

$$\lim_{\Delta t \to 0} \left(\frac{C(t+\Delta t, x) - C(t, x)}{\Delta t} \right) = \frac{\partial C(x)}{\partial t},$$

$$\lim_{\Delta t \to 0} \left(\frac{C(t+\Delta t, x+\Delta x) - C(t, x+\Delta x)}{\Delta t} \right) = \frac{\partial C(x+\Delta x)}{\partial t} \quad (A.1)$$

で表される．図 A-1 のような場合，後者の方が前者より C の変化が大きく，変化率もおおむね大きい．

ところが，ラグランジェ的な取り扱いでの変化は，流体塊自体の属性の変化であるから，Δt の間の変化は，$C(t+\Delta t, x+\Delta x) - C(t, x)$ にあたる．すなわち，I における時間 Δt の間の変化と時間 $t+\Delta t$ における I から II の間の変化の和，もしくは，時間 t における I から II の間での変化と II における時間 Δt の間の変化の和である．そのため，平均の変化率は

$$\frac{C(t+\Delta t, x+\Delta x) - C(t, x)}{\Delta t} \quad (A.2)$$

である．これを二つの変化の和で表すと，

$$\frac{C(t+\Delta t, x+\Delta x) - C(t, x)}{\Delta t} = \frac{C(t+\Delta t, x+\Delta x) - C(t+\Delta t, x)}{\Delta t} + \frac{C(t+\Delta t, x) - C(t, x)}{\Delta t} \quad (A.3)$$

となる．ここで，後者は I における時間変化であり，前者は同時刻に I から II に至る過

程での変化である.ところが,テーラー展開を用いると,

$$C(t+\Delta t, x) = C(t, x) + \Delta t \frac{\partial C}{\partial t} + O(\Delta t^2), \quad C(t, x+\Delta x) = C(t, x) + \Delta x \frac{\partial C}{\partial x} + O(\Delta x^2)$$

(A.4)

のような関係が得られる.ここで,$O(\Delta t^2)$ や $O(\Delta x^2)$ は Δt や Δx の2乗の大きさの量であり,Δt や Δx が小さくなると,Δt や Δx が1回だけかかった量より速く小さくなる.また,Δx は流体の塊が Δt 時間の間に流速 U で進む距離にあたるため,$\Delta x = U\Delta t$ で近似される.

これらを式 A.2 に代入し,Δt を限りなく小さくしていくと,

$$\lim_{\Delta t \to 0}\left[\left\{\Delta t \frac{\partial C}{\partial t} + U\Delta t \frac{\partial C}{\partial x} + O(\Delta t^2)\right\}/\Delta t\right] = \frac{\partial C}{\partial t} + U\frac{\partial C}{\partial x} = \frac{DC}{Dt} \quad (A.5)$$

と変形できる.すなわち,右辺の第1項がIにおける C の変化率であり,第2項がIからIIに移動する間の変化率である.この形の微分は物質(実質)微分とよばれ,しばしば,DC/Dt と記す.

対象とする場における生態系の構成物質の時間的な変化を考える場合にも,その対象とする場における保存則を考えることになる.

A.3 拡 散

流体中の運動量や流動に伴って移動する物質は,流体中のランダムな運動によって周囲に広がっていく.この現象を拡散とよんでいる.拡散で広がる際のフラックス F は,通常濃度勾配に比例して,濃度の高い方から低い方へ移動すると考えられる(図 A-2).

すなわち,

$$F = -K\frac{\partial C}{\partial x} \quad (A.6)$$

で表せる.ここで K は拡散係数とよばれる量である.

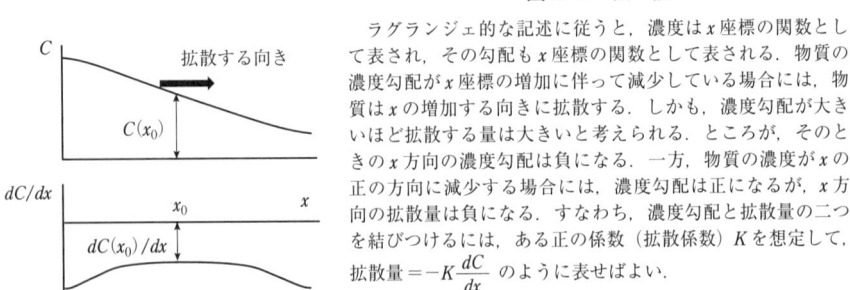

図 A-2 拡 散

ラグランジェ的な記述に従うと,濃度は x 座標の関数として表され,その勾配も x 座標の関数として表される.物質の濃度勾配が x 座標の増加に伴って減少している場合には,物質は x の増加する向きに拡散する.しかも,濃度勾配が大きいほど拡散する量は大きいと考えられる.ところが,そのときの x 方向の濃度勾配は負になる.一方,物質の濃度が x の正の方向に減少する場合には,濃度勾配は正になるが,x 方向の拡散量は負になる.すなわち,濃度勾配と拡散量の二つを結びつけるには,ある正の係数(拡散係数)K を想定して,拡散量 $= -K\frac{dC}{dx}$ のように表せばよい.

x と $x+\Delta x$ で挟まれた微小な Δx の区間に流入するフラックスと流出するフラックスを考えると，$-K\,\partial C/\partial x$ を x の関数と考えてテーラー展開を用いると，流入フラックスが，

$$F(x) = -K\frac{\partial C}{\partial x}\bigg|_x \tag{A.7}$$

であるのに対し，流出フラックスは

$$F(x+\Delta x) = -K\frac{\partial C}{\partial x}\bigg|_{x=x+\Delta x} = \left(-K\frac{\partial C}{\partial x}\right) - \Delta x\frac{\partial}{\partial x}\left(-K\frac{\partial C}{\partial x}\right) + O(\Delta x^2) \tag{A.8}$$

となる．ここで，Δx をゼロに近づけていくと，右辺の第3項は急激に小さくなっていく．

したがって，Δx の範囲の平均の濃度の増加率は，流入量から流失量を差し引いた後に Δx で割って，

$$\frac{F(x)-F(x+\Delta x)}{\Delta x} = -K\frac{\partial^2 C}{\partial x^2} \tag{A.9}$$

で表される．すなわち，拡散によって物質が周囲に広がることで，Δx の範囲にある濃度 C は $-K\dfrac{\partial^2 C}{\partial x^2}$ のように変化していくことを示している．

A.4 化学物質・植物プランクトンモデル

流れに乗って移動する化学物質や植物プランクトンの濃度は，生産や消費を伴った保存則で表現される．すなわち，

$$\frac{DC}{Dt} = P_C - L_C - K\frac{\partial^2 C}{\partial x^2} \tag{A.10}$$

である．

ここで，右辺の第1項は化学反応や光合成による濃度の増加率，L_C は消費や枯死による濃度の減少率，第3項は流れにのって拡散することによる濃度の減少率である．P_C や L_C のその他の濃度低下の要因については，経験的に得られる関係を用いる．

A.5 植生モデル

植物のある期間の生長量は，光合成による炭水化物の生産量 P，呼吸による消費量 R_s，枯死による減少量 M_s，他の組織への輸送量 T_{s-r} の合計によって与えられる．すなわち，光合成を行う葉茎については，

$$\frac{dB_s}{dt} = P - R_s - M_s - T_{s-r} \tag{A.11}$$

根や地下茎については，光合成組織から炭水化物が輸送され，これらの組織で呼吸

R_r や枯死 M_r によって失われる.

$$\frac{dB_r}{dt} = T_{s-r} - R_r - M_r \tag{A.12}$$

と表される.

　こうして得られる保存則中のそれぞれの項には，通常，経験的に得られる関係を数式で表して代入していけばよい．例えば，光合成量は日射量や葉面積係数に対して，また，土壌中の栄養塩濃度に対して成長曲線で近似できることが多く，また，葉茎の量に比例する．すなわち，

$$P = P_m \frac{I}{K_I + I} \frac{N}{K_N + N} B_s \tag{A.13}$$

のような形で近似できる．ここで，P_m は日射や栄養塩が十分存在している場合の光合成量を，I は光量子束密度を，N は周囲の栄養塩濃度，K_I および K_N は，それぞれ光合成量が最大値の半分になるときの日射や栄養塩濃度に相当する係数である.

　また，呼吸量はバイオマスに比例し，また，温度の上昇とともに増加する．温度上昇によって，呼吸量は温度係数 θ（～1.04）を用いて，ある温度 T_0 からの上昇分のべき乗，すなわち，$\theta^{T-T_0}(\gamma_s B_s + \gamma_r B_r)$ のように近似できる．ただし，γ_s および γ_r はそれぞれ地上部，地下部に対する係数である．組織間の輸送量は，季節によって変化するため，観測結果に応じて適当な関数を用いる．光合成速度も温度依存性があることから，式 (A.13) の右辺にも θ^{T-T_0} をかけることも行われる.

　このような，光合成による総生産から（暗）呼吸量を差し引く形のモデルは，様々に改良することで，組織別の植物生長モデルだけでなく，葉茎のみの予測や付着藻類などの予測にも応用できる.

A.6　生態系モデル組み立てのスキーム

　生態系の量的な工学的予測には，上記のような，微分方程式を数値的に解くことが行われる．その際には以下のような過程による.

(1) 経験的な量による概略の見積もり

　生態系モデルを構成する式はあくまで経験に基づいて求められてきたものであり，すべての場合に適用されるものではない．特に，生物現象は生物自体がもつ可塑性や病気などのモデルでは表現されていない要素に左右されるものである．また，物理モデルにおいても，利用するモデルがすべての現象を加味したものではないこと，数値的，モデル上の誤差などの様々な誤差を含んでいることから，十分な精度の結果が得られるとは限らない．そのため，モデルを組み立てるに先立って，実測などで経験的に得られている量や評価から，四則計算で行える程度の概略の量的な見積もりを行うことが必須であ

る．また，その際に，そこで用いた誤差の程度やレベルを推察・検討しておくことが重要である．

（2）数値モデルの作成

次に，数値モデル作成に移る．

モデル作成においては，まず，対象とする場で生じている物理，化学，生物過程の関係を図にする．次に，それぞれの量の保存則や相互の関係を組み込む形で，それぞれの過程をモデル化する．

この際に，量的に多い，より重要な過程から階層的にモデル化して，影響の小さい過程は省略して計算が行えるようにしておくことが重要である．

（3）モデル計算の手順

① モデル作成においては通常多数の係数が含まれる．こうした係数については，当初は可能な限り従来報告されている値をそのまま用いる．

② シミュレーションは，はじめは，最も計算手法が確立されている流動場の計算から行う．その際に，はじめは，係数の値については報告された数値そのままを使って計算を行い，通常，先に行った概略の見積もりとのずれが生ずるものであり，また，シミュレーションで得られた値に対する観測値が存在する場合には，シミュレーション結果と観測値とのずれを表にする．このずれが，予想される誤差の範囲にあたる．

③ 観測値との間のずれが大きい場合には，そのずれがどの項から生じているか，また，どの係数が結果に対してどの程度敏感に影響するかの解析（係数の感度分析）を行う．この作業は，モデル式の安定性を確認する上で極めて重要であり，モデル式が不安定な場合には，結果の信頼性も低くなる．

④ 上記の過程をそれぞれの係数を変化させて行うことで，シミュレーション結果におけるそれぞれの係数の変化に対して予想される誤差の範囲を求め，表にする．

⑤ その後，それぞれの係数値を報告されている値の範囲で変化させながら，徐々に観測値に近づけていく．

⑥ 次に，この過程で得られた流動場を表す式と計算手法が比較的整ってきている化学的変化や植物プランクトンなどの量に関する式とを連立させたシミュレーションを行う．この際にも，流動場の計算で辿ったそれぞれの過程に沿ったものでなければならない．

⑦ この場合においても，対象となるすべての量を一挙に導入するのではなく，影響の大きいもの，確実性の高いものから，順次，不確実性の高い量に関する式を増やしていく．こうした式に含まれる係数についても，当初は報告されている値を用いて計算を行い，概略の予想値との間のずれを確認する．また，それぞれの係数を報告されている範囲で変化させてシミュレーションを行い，誤差の範囲を求める．

⑧ 最後に，全体の結果を観測値により近付けるために，必要に応じて係数の値を報告されている値の範囲で変化させる作業を行う．

（4）結果の解釈

シミュレーション結果は，あくまで最も起こりそうな結果を表しているだけであり，実際に生ずる結果は，シミュレーションで得られた結果そのものではなく，それからある範囲にあることを想定する必要がある．想定すべき範囲は，(3)②や(3)③で得られた，概略値との差や，それぞれの係数を報告されている範囲で変化させた場合に得られる結果との差程度であると考えられる．そのため，結果の表示には，誤差の範囲も同時に示すことが好ましい．

参 考 文 献

　本書で取り扱っている内容は，基礎的な生態学のうえにたった応用的な内容であり，必要に応じて生態学や陸水学などの基礎の勉強が必要である．以下に参考になる文献をあげる．なお，本書で使用した記述や図の中には原著のものを参考にして作成したものも多い．しかし，本書が教科書として執筆してあることを考慮して，個々の原著論文を大量に掲載することは避け，それらをまとめて執筆されているものをあげた．

● 生態学に関する内容

太田次郎，石原勝敏，黒岩澄雄，清水　碩，高橋景一，三浦謹一郎 編：生物と環境 基礎生物学講座 9，朝倉書店，p. 225，1993．
日本生態学会 編：生態学入門，東京化学同人，p. 273，2004．
沼田　眞 監修：現代生物学大系 12a 生態 A，中山書店，p. 292，1985．
三島次郎：トマトはなぜ赤い—生態学入門—，東洋館出版社，p. 251，1992．
宮下　直，野田隆史：群集生態学，東京大学出版会，p. 187，2003．
鷲谷いづみ，矢原徹一：保全生態学入門—生物多様性を守るために—，文一総合出版，p. 270，1996．

● 陸水学・河川環境学に関する内容

天野邦彦 監修，河川環境目標検討委員会 編：川の環境目標を考える—川の健康診断—，技報堂出版，p. 122，2008．
池淵周一：ダム下流生態系，京都大学学術出版会，p. 285，2009．
大垣眞一郎 監修，河川環境管理財団 編：河川の水質と生態系—新しい河川環境創出に向けて—，技報堂出版，p. 245，2007．
大垣眞一郎 監修，河川環境管理財団 編：河川と栄養塩類，技報堂出版，p. 179，2005．
大垣眞一郎，吉川秀夫 監修：流域マネジメント 新しい戦略のために，技報堂出版，p. 272，2002．
沖野外輝夫，河川生態学研究科千曲川研究グループ：洪水がつくる川の自然 千曲川河川生態学術研究から，信濃毎日新聞社，p. 253，2006．
西條八束，奥田節夫 編：河川感潮域—その自然と変貌—，名古屋大学出版会，p. 248，1996．
西條八束，三田村緒佐武：新編湖沼調査法，講談社サイエンティフィク，p. 230，1995．
谷田一三，村上哲生 編：ダム湖・ダム河川の生態系と管理—日本における特性・動態・評価—，名古屋大学出版会，p. 340，2010．
沼田　眞 監修，水野信彦，御勢久右衛門：河川の生態学，築地書館，p. 247，1993．
平塚純一，山室真澄，石飛　裕：里湖—モク採り物語— 50 年前の水面下の世界，生物研究社，p. 141，2006．

廣瀬利雄 監修, 応用生態工学序説編集委員会 編：自然再生への挑戦, 大学図書, p. 197, 2007.
福岡捷二：洪水の水理と河道の設計法, 森北出版, p. 436, 2005.
古川 彰, 高梁勇夫：アユを育てる河仕事, 築地書館, p. 265, 2010.
宝月欣二：湖沼生物の生態学 富栄養化と人の生活にふれて, 共立出版, p. 161, 1998.
山本晃一：沖積河川―構造と動態―, 技報堂出版, p. 587, 2010.
山本晃一 監修, 楠田哲也 編：河川汽水域―その環境特性と生態系の保全・再生―, 技報堂出版, p. 353, 2008.
渡辺真利代, 原田健一, 藤木博太 編：アオコ その出現と毒素, 東京大学出版会, p. 257, 1994.

- 海外の生態学に関する内容

Mackenzie, A., A. S. Ball, S. R. Virdee：Instants Notes in Ecology, BIOS Scientific Publishers, 1998；岩城英夫 訳：キーノートシリーズ 生態学キーノート, シュプリンガー ジャパン, p. 324, 2001.
Odum, E., R. Brewer, G. W. Barret: Fundamentals of Ecology, 5th ed., Books Cole, p. 624, 2004；三島次郎 訳：基礎生態学（過去の版）, 培風館, p. 455, 1991.
Townsend, C. R., J. L. Harper, M. Begon：Essentials of Ecology, Blackwell Science, Malden, p. 552, 2000.

- 海外の陸水学に関する内容

Bro'nmark, C., L-A.Hansen：The Biology of Lakes and Ponds, Oxford University Press, Oxford, p. 216, 1998.
Dodds, W. K.：Freshwater Ecology, Concepts and Environmental Applications, Academic Press, San Diego, p. 567, 2002.
Giller, P. S., B. Malmqvist：The Biology of Streams and Rivers, Oxford University Press, Oxford, p. 296, 1998.
Horne, A. J., C. R. Goldman：Limnology, McGraw-Hill, Inc., New York, p. 575, 1994.
Kantor, S.：River Ecology and Management, Lessons from the Pacific Coastal Ecoregion, ed. by Naiman, R. J., R. E. Bilby, Springer-Verlag, New York, p. 705, 2001.
Mitsch, W. J., J. G. Gosselink：Wetlands, 3rd ed., John Wiley & Sons, Inc., New York, p. 920, 2000.
Naiman, R. J., H. Deca'mps, M.E.McClain: Riparia, Ecology, Conservation and Management of Streamside Communities, Elsevier Academic Press, Amsterdam, p. 430, 2005.
Stevenson, R. J., M. L. Bothwell, R. L. Lowe：Algal Ecology, Freshwater Benthic Ecosystems, Academic Press, San Diego, p. 753, 1996.
Thornton, K. W., B. L. Limmel, F. E. Payne: Reservoir Limnology, Ecological Perspectives, John Wiley & Sons, Inc., New York, p. 246, 1990.
Wetzel, R. G.：Limnology, Lake and River Ecosystems, 3rd ed., Academic Press, San Diego, p. 1006, 2001.

索　引

欧　文

CPOM　88
DO　56
DOM　88
FPC　122
FPOM　88
K戦略（K strategy）　34
r戦略（r strategy）　34
RCC　122
RPM　122

ア　行

青潮（blue tide）　150
赤潮（red tide）　150

移行帯（ecotone）　86
一次消費者（primary consumer）　22
一次遷移（primary succession）　44

ウォッシュロード（wash load）　111

栄養塩のスパイラル現象（nutrient spiral）　118
栄養段階（euphotic level）　22
エコトーン（ecotone）　86
沿岸帯（littoral zone）　78
塩水楔（salt wedge）　142

沖帯（pelagic zone）　78

温度躍層（thermocline）　72

カ　行

階層構造-生態系の（hierarchical structure）　43
回遊魚（migratory fish）　132
夏季停滞期（summer stagnation period）　72
隠れ家（refuge）　42
河口閉塞（estury closing）　148
カスケード効果（cascade effect）　24
河川連続体仮説（river continuum concept）　122
勝ち残り型競争（contest competition）　12
環境収容力（carrying capacity）　8
干渉型競争（interference competition）　14

汽水（brackish water）　142
汽水域（estuary）　142
キーストーン種（keystone species）　30
寄生（parasitism）　14
基本ニッチ（fundamental niche）　16
狭食性（specialist）　16
共存（co-existence）　14
ギルド（guild）　16

群集（community）　6

交互砂州（alternative bar）　112
高山帯（alpine zone）　160
広食性（generalist）　16
洪水パルス仮説（flood pulse concept）　122

光量子束密度（photon flux density） 71
個体（individual） 6
個体群（population） 6
　――成長（population growth） 10
根粒菌（*Rhizobia*） 62

サ　行

細粒有機物（Fine Particulate Organic Matter） 88
里山（village-vicinity mountain） 154
酸化還元電位（redox potential, oxidation-reduction potential） 58
サンゴ礁（corral reef） 147

シアノバクテリア（cyanobacteria） 82
ジェネラリスト（generalist） 16
死骸（detritus） 118
資源（resource） 8
自己間引き（self-thinning） 12
実現ニッチ（realized niche） 16
種（species） 4
　――の多様性（species diversity） 32
種間競争（interspecific competition） 14
種内競争（intraspecific competition） 12
循環期（circulation period） 72
純生産量（net production） 22
硝化作用（nitrification） 64
消費型競争（exploitative competition） 14
食物網（food web） 26
食物連鎖（food chain） 22
深（水）層（hypolimnion） 72
森林限界（forest limit） 160

スペシャリスト（specialist） 16

瀬（riffle） 112
生産者（producer） 22
生産層（euphotic layer） 78
生態系（ecosystem） 6
生物撹乱（bioturbation） 148
生物膜（biofilm） 119

赤外放射（infrared radiation） 50
全循環湖（holomictic lake） 74
選択取水（circulation/aeration, selective withdrawal） 100
穿入蛇行（incised meander） 110

総生産量（gross production） 22
相利共生（mutualism） 14
掃流土砂（bed load） 111
粗粒有機物（Coarse Particulate Organic Matter） 88

タ　行

大気放射（infrared radiation） 50
蛇行流路（meandering channel） 110
脱窒作用（denitrification） 64
多量元素（macro element） 60

窒素（nitrogen） 62
窒素固定（nitrogen fixing） 62
中栄養湖（mesotrophic lake） 78
中程度撹乱説（medium disturbance theory） 36
潮間帯（intertidal zone） 146
調和型湖沼（harmonic type lake） 78

デトリタス（detritus） 118

トップダウン（top down） 24
共倒れ型の競争（scramble competition） 12

ナ　行

内生産モデル（riverine productivity model） 122
内的自然増加率（intrinsic rate of natural increase） 10
内部液（internal wave） 73
縄張り（territory） 12

二次遷移（secondary succession） 45
日射（solar radiation） 50

ニッチ（niche） 16

ハ 行

干潟（tidal mud flat） 148
非生産層（aphotic layer） 78
非調和型湖沼（disharmonic type lake） 78
表(水)層（epilimnion） 72
微量元素（trace element） 60
貧栄養湖（oligotrophic lake） 78

富栄養湖（eutrophic lake） 78
副ダム（pre-reservoir） 100
複断面水路（compound channel） 134
伏流水（hyporehic flow） 120
淵（pool） 112
部分循環湖（meromictic lake） 74
浮遊土砂（suspended load） 111
分解者（decomposer） 26
分画フェンス（curtain） 100

変水層（metalimnion） 72
片利共生（commensalism） 14

捕食（predation） 14
ボトムアップ（bottom up） 24

マ 行

マングローブ（mangrove） 152

密度効果（density effect） 12

無光層（aphotic layer） 78

網状流路（braided channel） 110
藻場（seaweed bed） 146

ヤ 行

有光層（euphotic layer） 78

溶存酸素（dissolved oxygen） 56
溶存態有機物（Dissolved Organic Matter） 88
溶存二酸化炭素（dissolved carbon dioxide） 56

ラ 行

流域水管理（watershed management） 165
リン（phosphorus） 64

レジームシフト（regime shift） 90
レッドフィールド（Redfield） 60
レフージ（refuge） 42

ロジスティック式（logistic equation） 10
ロトカ・ヴォルテラの方程式（Lotka-Volterra equation） 18

編著者略歴

浅枝　隆（あさえだ・たかし）

1953 年　広島県に生まれる
1978 年　東京大学大学院工学系研究科修了
現　在　埼玉大学大学院理工学系研究科環境科学・社会基盤部門教授
　　　　工学博士

図説 生態系の環境

2011 年 4 月 30 日　初版第 1 刷
2016 年 1 月 15 日　　　第 4 刷

定価はカバーに表示

編著者　浅　枝　　　隆
発行者　朝　倉　邦　造
発行所　株式会社 朝　倉　書　店
　　　　東京都新宿区新小川町 6-29
　　　　郵便番号　162-8707
　　　　電　話　03(3260)0141
　　　　Ｆ Ａ Ｘ　03(3260)0180
　　　　http://www.asakura.co.jp

〈検印省略〉

© 2011 〈無断複写・転載を禁ず〉

悠朋舎・渡辺製本

ISBN 978 4 254 18034-3　C 3040

Printed in Japan

JCOPY ＜(社)出版者著作権管理機構 委託出版物＞
本書の無断複写は著作権法上での例外を除き禁じられています．複写される場合は，そのつど事前に，(社)出版者著作権管理機構（電話 03-3513-6969，FAX 03-3513-6979, e-mail: info@jcopy.or.jp）の許諾を得てください．

前農工大 亀山 章編 **生　態　工　学** 18010-7　C3040　　A5判 180頁 本体3500円	生態学と土木工学を結びつけ体系的に論じた初の書。自然と保全に関する生態学の基礎理論、生きものと土木工学との接点における技術的基礎、都市・道路・河川などの具体的事業における工法に関する技術論より構成
鳥取大 恒川篤史著 シリーズ〈緑地環境学〉1 **緑地環境のモニタリングと評価** 18501-0　C3340　　A5判 264頁 本体4600円	"保全情報学"の主要な技術要素を駆使した緑地環境のモニタリング・評価を平易に示す。〔内容〕緑地環境のモニタリングと評価とは／GISによる緑地環境の評価／リモートセンシングによる緑地環境のモニタリング／緑地環境のモデルと指標
兵庫県大 平田富士男著 シリーズ〈緑地環境学〉4 **都　市　緑　地　の　創　造** 18504-1　C3340　　A5判 260頁 本体4300円	制度面に重点をおいた緑地計画の入門書。〔内容〕「住みよいまち」づくりと「まちのみどり」／都市緑地を確保するためには／確保手法の実際／都市計画制度の概要／マスタープランと上位計画／各種制度ができてきた経緯・歴史／今後の課題
京大 森本幸裕・千葉大 小林達明編著 **最　新　環　境　緑　化　工　学** 44026-3　C3061　　A5判 244頁 本体3900円	劣化した植生・生態系およびその諸機能を修復・再生させる技術と基礎を平易に解説した教科書。〔内容〕計画論・基礎／緑地の環境機能／緑化・自然再生の調査法と評価法／技術各論（斜面緑化，都市緑化，生態系の再生と管理，乾燥地緑化）
富士常葉大 杉山恵一・東農大 進士五十八編 **自 然 環 境 復 元 の 技 術** 10117-1　C3040　　B5判 180頁 本体5500円	本書は、身近な自然環境を復元・創出するための論理・計画・手法を豊富な事例とともに示す、実務家向けの指針の書である。〔内容〕自然環境復元の理念と理論／自然環境復元計画論／環境復元のデザインと手法／生き物との共生技術／他
富士常葉大 杉山恵一・九大 重松敏則編 **ビオトープの管理・活用** ―続・自然環境復元の技術― 18008-4　C3040　　B5判 240頁 本体5600円	全国各地に造成されてすでに数年を経たビオトープの利活用のノウハウ、維持管理上の問題点を具体的に活写した事例を満載。〔内容〕公園的ビオトープ／企業地内ビオトープ／河川ビオトープ／里山ビオトープ／屋上ビオトープ／学校ビオトープ
富士常葉大 杉山恵一・東農大 中川昭一郎編 **農村自然環境の保全・復元** 18017-6　C3040　　B5判 200頁 本体5200円	ビオトープづくりや河川の近自然工法など、点と線で始められた復元運動の最終目標である農村環境の全体像に迫る。〔内容〕農村環境の現状と特質／農村自然環境復元の新たな動向／農村自然環境の現状と復元の理論／農村自然環境復元の実例
東大 武内和彦著 **ランドスケープエコロジー** 18027-5　C3040　　A5判 260頁 本体4200円	農村計画学会賞受賞作『地域の生態学』の改訂版。〔内容〕生態学的地域区分と地域環境システム／人間による地域環境の変化／地球規模の土地荒廃とその防止策／里山と農村生態系の保全／都市と国土の生態系再生／保全・開発生態学と環境計画
京大 森本幸裕・日文研 白幡洋三郎編 **環　境　デ　ザ　イ　ン　学** ―ランドスケープの保全と創造― 18028-2　C3040　　A5判 228頁 本体5200円	地球環境時代のランドスケープ概論。造園学、緑地計画、環境アセスメント等、多分野の知見を一冊にまとめたスタンダードとなる教科書。〔内容〕緑地の環境デザイン／庭園の系譜／癒しのランドスケープ／自然環境の保全と利用／緑化技術／他
東京都市大 田中 章著 **HEP　入　　門**（新装版） ―〈ハビタット評価手続き〉マニュアル― 18036-7　C3046　　A5判 280頁 本体3800円	HEP（ヘップ）は、環境への影響を野生生物の視点から生物学的にわかりやすく定量評価できる世界で最も普及している方法〔内容〕概念とメカニズム／日本での適用対象／適用プロセス／米国におけるHEP誕生の背景／日本での展開と可能性／他

日本水環境学会編

水環境ハンドブック

26149-3　C3051　　　B 5 判　760頁　本体32000円

水環境を「場」「技」「物」「知」の観点から幅広くとらえ、水環境の保全・創造に役立つ情報を一冊にまとめた。〔内容〕「場」河川／湖沼／湿地／沿岸海域・海洋／地下水・土壌／水辺・親水空間。「技」浄水処理／下水・し尿処理／排出源対策・排水処理(工業系・埋立浸出水)／排出源対策・排水処理(農業系)／用水処理／直接浄化。「物」有害化学物質／水界生物／健康関連微生物。「知」化学分析／バイオアッセイ／分子生物学的手法／教育／アセスメント／計画管理・政策。付録

前千葉大 丸田頼一編

環境都市計画事典

18018-3　C3540　　　A 5 判　536頁　本体18000円

様々な都市環境問題が存在する現在においては、都市活動を支える水や物質を循環的に利用し、エネルギーを効率的に利用するためのシステムを導入するとともに、都市の中に自然を保全・創出し生態系に準じたシステムを構築することにより、自立的 安定的な生態系循環を取り戻した都市、すなわち「環境都市」の構築が模索されている。本書は環境都市計画に関連する約250の重要事項について解説。〔内容〕環境都市構築の意義／市街地整備／道路緑化／老人福祉／環境税／他

日本緑化工学会編

環境緑化の事典

18021-3　C3540　　　B 5 判　496頁　本体20000円

21世紀は環境の世紀といわれており、急速に悪化している地球環境を改善するために、緑化に期待される役割はきわめて大きい。特に近年、都市の緑化、乾燥地緑化、生態系保存緑化など新たな技術課題が山積しており、それに対する技術の蓄積も大きなものとなっている。本書は、緑化工学に関するすべてを基礎から実際まで必要なデータや事例を用いて詳しく解説する。〔内容〕緑化の機能／植物の生育基盤／都市緑化／環境林緑化／生態系管理修復／熱帯林／緑化における評価法／他

元千葉県立中央博 沼田　眞編

自然保護ハンドブック （新装版）

10209-3　C3040　　　B 5 判　840頁　本体25000円

自然保護全般に関する最新の知識と情報を盛り込んだ研究者・実務家双方に役立つハンドブック。データを豊富に織込み、あらゆる局面に対応可能。〔内容〕〈基礎〉自然保護とは／天然記念物／自然公園／保全地域／保安林／保護林／保護区／自然遺産／レッドデータ／環境基本法／条約／環境と開発／生態系／自然復元／草地／里山／教育／他〈各論〉森林／草原／砂漠／湖沼／河川／湿原／サンゴ礁／干潟／島嶼／高山域／哺乳類／鳥／両生類・爬虫類／魚類／甲殻類／昆虫／土壌動物／他

産総研 中西準子・産総研 蒲生昌志・産総研 岸本充生・産総研 宮本健一編

環境リスクマネジメントハンドブック

18014-5　C3040　　　A 5 判　596頁　本体18000円

今日の自然と人間社会がさらされている環境リスクをいかにして発見し、測定し、管理するか――多様なアプローチから最新の手法を用いて解説。〔内容〕人の健康影響／野生生物の異変／PRTR／発生源を見つける／in vivo試験／QSAR／環境中濃度予測／曝露量評価／疫学調査／動物試験／発ガンリスク／健康影響指標／生態リスク評価／不確実性／等リスク原則／費用効果分析／自動車排ガス対策／ダイオキシン対策／経済的インセンティブ／環境会計／LCA／政策評価／他

太田次郎・石原勝敏・黒岩澄雄・清水　碩・
高橋景一・三浦謹一郎編
基礎生物学講座9
生　物　と　環　境
17649-0　C3345　　　　A5判 240頁 本体4300円

環境あっての生物であり、生物あっての環境であることを重点に、多彩な生物の生活の実態を解説した。〔内容〕環境論／生物の生活と環境への適応／生物相互のかかわりあい／種と群集の生活／生物の分布／生態系の成り立ちと人間のかかわり

前お茶の水大 太田次郎監訳　元常磐大 藪　忠綱訳
図説科学の百科事典2
環　境　と　生　態
10622-0　C3340　　　　A4変判 176頁 本体6500円

ヒトと自然環境のかかわりあいを、生態学の視点からわかりやすく解説する。〔内容〕生物が住む惑星／食物連鎖／循環とエネルギー／自然環境／個体群の研究／農業とその代償／人為的な影響／生態学用語解説・資料

東大 佐藤慎司編
土木工学選書
地 域 環 境 シ ス テ ム
26532-3　C3351　　　　A5判 260頁 本体4800円

国土の持続再生を目指して地域環境をシステムとして把握する。〔内容〕人間活動が地域環境に与えるインパクト／都市におけるエネルギーと熱のマネジメント／人間活動と有毒物質汚染／内湾の水質と生態系／水と生態系のマネジメント

前農工大 小倉紀雄・九大 島谷幸宏・大阪府大 谷田一三編
図説 日　本　の　河　川
18033-6　C3040　　　　B5判 176頁 本体4300円

日本全国の52河川を厳選しオールカラーで解説〔内容〕総説／標津川／釧路川／岩木川／奥入瀬川／利根川／多摩川／信濃川／黒部川／柿el川／木曽川／鴨川／紀ノ川／淀川／斐伊川／太田川／吉野川／四万十川／筑後川／屋久島／沖縄／他

日本陸水学会東海支部会編
身 近 な 水 の 環 境 科 学
―源流から干潟まで―
18023-7　C3040　　　　A5判 176頁 本体2600円

川・海・湖など、私たちに身近な「水辺」をテーマに生態系や物質循環の仕組みをひもとき、環境問題に対峙する基礎力を養う好テキスト。〔内容〕川（上流から下流へ）／湖とダム／地下水／都市・水田の水循環／干潟と内湾／環境問題と市民調査

兵庫県大 江崎保男・兵庫県大 田中哲夫編
水 辺 環 境 の 保 全
―生物群集の視点から―
10154-6　C3040　　　　B5判 232頁 本体5800円

野外生態学者13名が結集し、保全・復元すべき環境に生息する生物群集の生息基盤（生息できる理由）を詳述。〔内容〕河川（水生昆虫・魚類・鳥類）／水田・用水路（二枚貝・サギ・トンボ・水生昆虫・カエル・魚類）／ため池（トンボ・植物）

前日大 木平勇吉編
流 域 環 境 の 保 全
18011-4　C3040　　　　B5判 136頁 本体3800円

信濃川（大熊孝）、四万十川（大野晃）、相模川（柿澤宏昭）、鶴見川（岸由二）、白神赤石川（土屋俊幸）、由良川（田中滋）、国有林（木平勇吉）の事例調査をふまえ、住民・行政・研究者が地域社会でパートナーとしての役割を構築する〈貴重な試み〉

東京大学大学院環境学研究系編
シリーズ〈環境の世界〉1
自 然 環 境 学 の 創 る 世 界
18531-7　C3340　　　　A5判 216頁 本体3500円

〔内容〕自然環境とは何か／自然環境の実態をとらえる（モニタリング）／自然環境の変動メカニズムをさぐる（生物地球化学的、地質学的アプローチ）／自然環境における生物（生物多様性、生物資源）／都市の世紀（アーバニズム）に向けて／他

東京大学大学院環境学研究系編
シリーズ〈環境の世界〉2
環 境 シ ス テ ム 学 の 創 る 世 界
18532-4　C3340　　　　A5判 192頁 本体3500円

〔内容〕環境世界創成の戦略／システムでとらえる物質循環（大気、海洋、地圏）／循環型社会の創成（物質代謝、リサイクル）／低炭素社会の創成（CO_2排出削減技術）／システムで学ぶ環境安全（化学物質の環境問題、実験研究の安全構造）

東京大学大学院環境学研究系編
シリーズ〈環境の世界〉3
国 際 協 力 学 の 創 る 世 界
18533-1　C3340　　　　A5判 216頁 本体3500円

〔内容〕環境世界創成の戦略／日本の国際協力（国際援助戦略、ODA政策の歴史的経緯・定量的分析）／資源とガバナンス（経済発展と資源断片化、資源リスク、水配分、流域ガバナンス）／人々の暮らし（ため池、灌漑事業、生活空間、ダム建設）

上記価格（税別）は2015年12月現在